Gerhard Dobner ◆ Hans-Jürgen Dobner

Gewöhnliche Differenzialgleichungen

Mathematik - Studienhilfen

Herausgegeben von
Prof. Dr. Bernd Engelmann
Hochschule für Technik, Wirtschaft und Kultur Leipzig,
Fachbereich Informatik, Mathematik und Naturwissenschaften

Zu dieser Buchreihe

Die Reihe Mathematik-Studienhilfen richtet sich vor allem an Studenten technischer und wirtschaftswissenschaftlicher Fachrichtungen an Fachhochschulen und Universitäten.
Die mathematische Theorie und die daraus resultierenden Methoden werden korrekt aber knapp dargestellt. Breiten Raum nehmen ausführlich durchgerechnete Beispiele ein, welche die Anwendung der Methoden demonstrieren und zur Übung zumindest teilweise selbständig bearbeitet werden sollten.
In der Reihe werden neben mehreren Bänden zu den mathematischen Grundlagen auch verschiedene Einzelgebiete behandelt, die je nach Studienrichtung ausgewählt werden können. Die Bände der Reihe können vorlesungsbegleitend oder zum Selbststudium eingesetzt werden.

Bisher erschienen:

Dobner/Engelmann, *Analysis 1*
Dobner/Engelmann, *Analysis 2*
Dobner/Dobner, *Gewöhnliche Differenzialgleichungen*
Gramlich, *Lineare Algebra*
Gramlich, *Anwendungen der Linearen Algebra*
Knorrenschild, *Numerische Mathematik*
Martin, *Finanzmathematik*
Preuß, *Funktionaltransformationen*
Sachs, *Wahrscheinlichkeitsrechnung/Statistik*
Stingl, *Operations Research – Linearoptimierung*
Tittmann, *Graphentheorie*

Gewöhnliche Differenzialgleichungen

Theorie und Praxis

von Prof. Dr. Gerhard Dobner und
Prof. Dr. Hans-Jürgen Dobner

mit 100 Beispielen und 80 Aufgaben

Fachbuchverlag Leipzig
im Carl Hanser Verlag

Autoren
Prof. Dr. Gerhard Dobner Kapitel 4 bis 7
Fachhochschule Konstanz
FB Elektrotechnik und Informationstechnik

Prof. Dr. Hans-Jürgen Dobner Kapitel 1 bis 3 und 8
Hochschule für Technik, Wirtschaft und Kultur Leipzig
FB Informatik, Mathematik und Naturwissenschaften

Bibliografische Information Der Deutschen Bibliothek:
Die Deutsche Bibliothek verzeichnet diese Publikation in der Deutschen Nationalbibliografie; detaillierte bibliografische Daten sind im Internet über <http://dnb.ddb.de> abrufbar.

ISBN 3-446-22302-9

Fachbuchverlag Leipzig im Carl Hanser Verlag

http://www.fachbuch-leipzig.hanser.de
Lektorat: Christine Fritzsch
Herstellung: Renate Roßbach
Satz: Gerhard Dobner, Konstanz, Hans-Jürgen Dobner, Leipzig
Druck und Binden: Druckhaus „Thomas Müntzer“ GmbH, Bad Langensalza
Printed in Germany

Vorwort

Im Anschluss an Vorlesungen in Analysis und Linearer Algebra folgen in nahezu allen technischen und wirtschaftswissenschaftlich orientierten Studiengängen als eine erste Anwendung Veranstaltungen über Differenzialgleichungen.

Gewöhnliche Differenzialgleichungen erweisen sich als wertvolles Mittel zur Beschreibung der unterschiedlichsten Situationen in Naturwissenschaft und Technik; aber auch in Ökonomie, Biologie und Medizin spielen sie eine immer bedeutendere Rolle. Kenntnisse über Differenzialgleichungen erweisen sich somit als unverzichtbar in nahezu allen Studiengängen. Zu den grundlegenden Kenntnissen zählen dabei die Einteilung der Differenzialgleichungen, Eindeutigkeit der Lösung und grundlegende analytische und numerische Methoden zur Lösung.

Diesen Erfordernissen tragen wir mit unserem Band Differenzialgleichungen in der Reihe Mathematik-Studienhilfen Rechnung. Dem Konzept der Reihe entsprechend haben wir auf Beweise weitestgehend verzichtet und das Hauptaugenmerk auf das Erlernen und Üben entsprechender Lösungsverfahren gelegt. Dabei haben wir alle wichtigen Typen analytisch lösbarer Differenzialgleichungen erfasst. Weil aber die Zahl dieser Differenzialgleichungen gering im Vergleich zu den nicht analytisch lösbaren Gleichungen ist, werden auch numerische Methoden erläutert. Wir wollen den vorliegenden Band als einen Kompromiss zwischen Formelsammlung und Lehrbuch verstanden wissen. Demzufolge wird auf breite Herleitungen, Erläuterungen und tiefergehende Motivationen verzichtet.

Herzlichen Dank an Frau Fritzsch vom Fachbuchverlag Leipzig für die stets angenehme Zusammenarbeit und dem Herausgeber Prof. Dr. Engelmann für die anregenden Diskussionen.

Für Hinweise und Anregungen von Studierenden und Lehrenden sind die Autoren jederzeit dankbar.

Konstanz, Leipzig im März 2004 Gerhard Dobner, Hans-Jürgen Dobner

Inhaltsverzeichnis

1 Begriffe und Bezeichnungen

1.1 Gewöhnliche Differenzialgleichungen

Definition 1.1

Eine **gewöhnliche Differenzialgleichung** ist eine Gleichung, in der neben der gesuchten Funktion $y(x)$ und der unabhängigen Variablen x auch die Ableitungen $y'(x), y''(x), y'''(x), \ldots$ vorkommen. Die höchste in der Gleichung auftretende Ableitung nennt man die **Ordnung der Differenzialgleichung**.

Bemerkung: Bei einer Differenzialgleichung ist außerdem der Definitionsbereich (Lösungsgebiet) $B = \{(x, y), x \in I \subseteq \mathbf{R}, y \in J \subseteq \mathbf{R}\}$ festzulegen. In vielen Fällen ist das erst nach Bestimmung der Lösung möglich.

Beispiel 1.1

$y'(x)\,y(x) + x - 1 = 0$ ist eine Differenzialgleichung erster Ordnung.

$(x^2 + 1)y'''(x) + \sin x\, y'(x) - y(x) = \mathrm{e}^x$ ist eine Differenzialgleichung dritter Ordnung.

$y^{(6)}(x) + 3xy^{(5)}(x) - y'''(x)y(x) = 0$ ist eine Differenzialgleichung sechster Ordnung.

$y''(x) + \int\limits_0^1 \sin(x - \xi)\, y(\xi)\,\mathrm{d}\xi = x^2$ ist keine Differenzialgleichung, da bei dieser Gleichung außer der zweiten Ableitung von $y(x)$ auch deren Integral auftritt. ■

Bemerkung: Die allgemeine Form einer gewöhnliche Differenzialgleichung n-ter Ordnung lautet

$$F(x, y(x), y'(x), \ldots, \ldots y^{(n)}(x)) = 0 \tag{1.1}$$

Ist es möglich, die Differenzialgleichung nach der höchsten Ableitung aufzulösen, so liegt die Differenzialgleichung in **expliziter Form** vor:

$$y^{(n)}(x) = f(x, y(x), y'(x), \ldots, \ldots y^{(n-1)}(x)) \tag{1.2}$$

Dagegen ist Gleichung (1.1) eine Differenzialgleichung in **impliziter Form**. Bei einem **Anfangswertproblem** wird außer der Differenzialgleichung noch die Erfüllung von n Anfangsbedingungen an einer beliebigen Stelle $x_0 \in I$

$$y(x_0) = y_0, y'(x_0) = y_1, \dots, y^{(n-1)}(x_0) = y_{n-1}$$

gefordert. Bei einem **Randwertproblem** wird außer der Differenzialgleichung noch die Erfüllung von Vorgaben in den Randpunkten a, b (Zwei-Punkt-Randwertproblem) ihres Definitionsintervalls $[a, b]$ gefordert.

Beispiel 1.2

Man entscheide, welche der Differenzialgleichungen in expliziter bzw. impliziter Form vorliegen und bestimme jeweils die Ordnung der Differenzialgleichung.

a) $\sin\sqrt{y^{(6)}(x)y^{(5)}(x)} - y'''(x)y(x) = 0$, b) $y'(x) = xy(x) + 18x$,

c) $\mathrm{e}^{2\ln y'''(x)} + y^2(x)y''(x) = 1 + (y'''(x))^2$, d) $(y'(x))^2 + xy'(x) - 3y(x) = 0$.

Lösung: a) Die Differenzialgleichung ist von sechster Ordnung und liegt, da sie nicht nach $y^{(6)}(x)$ aufgelöst werden kann, in impliziter Form vor.

b) Hier handelt es sich um eine explizite Differenzialgleichung erster Ordnung mit $y'(x) = f(x, y(x)) := xy(x) + 18x$.

c) Wegen $\mathrm{e}^{2\ln y'''(x)} = \mathrm{e}^{\ln(y'''(x))^2} = (y'''(x))^2$ fallen die dritten Ableitungen weg, somit liegt eine Differenzialgleichung zweiter Ordnung vor. Diese kann wegen $y''(x) = f(x, y(x), y'(x)) = \dfrac{1}{y^2(x)}$ in eine explizite Gleichung überführt werden.

d) Diese Differenzialgleichung ist von erster Ordnung und entspricht den beiden expliziten Differenzialgleichungen

$$y'(x) = \frac{-x - \sqrt{x^2 + 12y(x)}}{2} \quad \text{und} \quad y'(x) = \frac{-x + \sqrt{x^2 + 12y(x)}}{2}. \quad \blacksquare$$

Definition 1.2

Eine Funktion $y(x) = \phi(x), x \in I$ heißt **Lösung** oder auch **Integral** bzw. **Integralkurve** einer Differenzialgleichung, wenn $y(x) = \phi(x)$, in die Gleichung eingesetzt, diese für alle $x \in I$ erfüllt.

Bemerkung: Um Missverständnissen vorzubeugen, sollte eine Differenzialgleichung, wenn immer möglich, als explizite Gleichung formuliert werden.

Beispiel 1.3

Zeigen Sie, dass $y(x) = 2e^x - xe^x + 5x^2e^x + \frac{1}{2}x^3e^x$, $x \in \mathbf{R}$ die Differenzialgleichung $y'''(x) - 3y''(x) + 3y'(x) - y(x) = 3e^x, x \in \mathbf{R}$ löst.

Lösung: Die ersten drei Ableitungen von $y(x)$ sind

$$y'(x) = e^x + 9xe^x + \frac{13}{2}x^2e^x + \frac{1}{2}x^3e^x,$$

$$y''(x) = 10e^x + 22xe^x + 8x^2e^x + \frac{1}{2}x^3e^x,$$

$$y'''(x) = 32e^x + 38xe^x + \frac{19}{2}x^2e^x + \frac{1}{2}x^3e^x.$$

Damit lautet die linke Seite der vorgelegten Differenzialgleichung

$$32e^x + 38xe^x + \frac{19}{2}x^2e^x + \frac{1}{2}x^3e^x - 3\left(10e^x + 22xe^x + 8x^2e^x + \frac{1}{2}x^3e^x\right)$$
$$+3\left(e^x + 9xe^x + \frac{13}{2}x^2e^x + \frac{1}{2}x^3e^x\right) - \left(2e^x - xe^x + 5x^2e^x + \frac{1}{2}x^3e^x\right) = 3e^x.$$

Diese Funktion ist mit der rechten Seite der Differenzialgleichung identisch. ■

Beispiel 1.4

Zeigen Sie: Die Funktionen $\phi_1(x) = \sin x, x \in \mathbf{R}$, $\phi_2(x) = \cos x, x \in \mathbf{R}$ und $\phi_3(x) = \alpha \sin x + \beta \cos x, \alpha, \beta, x \in \mathbf{R}$ sind Lösungen der Differenzialgleichung $y''(x) + y(x) = 0, x \in \mathbf{R}$.

Lösung: Wir berechnen die Ableitungen $\phi_1(x) = \sin x, x \in \mathbf{R}$, $\phi_1'(x) = \cos x, x \in \mathbf{R}$, $\phi_1''(x) = -\sin x, x \in \mathbf{R}$; durch Einsetzen erhält man $-\sin x + \sin x = 0, x \in \mathbf{R}$. Für $\phi_2(x) = \cos x, x \in \mathbf{R}$ folgt $\phi_2'(x) = -\sin x, x \in \mathbf{R}$, $\phi_2''(x) = -\cos x, x \in \mathbf{R}$. Einsetzen in die Differenzialgleichung liefert die Identität $-\cos x + \cos x = 0, x \in \mathbf{R}$. Für $\phi_3(x) = \alpha \sin x + \beta \cos x$, $x \in \mathbf{R}$ ergibt sich $\phi_3'(x) = \alpha \cos x - \beta \sin x$, $x \in \mathbf{R}$ sowie $\phi_3''(x) = -\alpha \sin x - \beta \cos x$, $x \in \mathbf{R}$. Durch Einsetzen in die Differenzialgleichung erhalten wir mit $\phi_3''(x) + \phi_3(x) = -\alpha \sin x - \beta \cos x + \alpha \sin x + \beta \cos x = 0, x \in \mathbf{R}$ die Behauptung. ■

Bemerkung: Im Allgemeinen erhält man für eine Differenzialgleichung eine Schar von Lösungen, die man zur Lösungsmenge L zusammenfasst. So lautet die Lösungsmenge in Beispiel 1.3

$$L=\left\{y(x)=C_1\mathrm{e}^x+C_2x\mathrm{e}^x+C_3x^2\mathrm{e}^x+\frac{1}{2}x^3\mathrm{e}^x \,\middle|\, C_1,C_2,C_3,x\in\mathbf{R}\right\}.$$

Geometrische Deutung einer expliziten Differenzialgleichung erster Ordnung

Wir geben eine geometrische Deutung der expliziten Differenzialgleichung

$$y'(x)=f(x,y(x)) \tag{1.3}$$

Ist $B=\{(x,y), x\in I\subseteq\mathbf{R}, y\in J\subseteq\mathbf{R}\}$ der Definitionsbereich von $f(x,y)$ und $P_0=(x_0,y_0)$ ein Punkt der Ebene, in dem $f(x,y)$ definiert ist, so wird in diesem Punkt durch (1.3) eine Richtung $y'(x_0)=\tan\alpha_0=f(x_0,y_0)$ zugeordnet. Geht also eine Lösung von (1.3) durch den Punkt $P_0=(x_0,y_0)$, d. h. ist $y(x_0)=y_0$, so beträgt die Steigung an dieser Stelle $y'(x_0)=f(x_0,y(x_0))$. Führt man diese Überlegungen für jeden Punkt des Definitionsgebiets durch, so kommt man zu folgender Definition.

Definition 1.3

Das Tripel $(x_0,y_0,f(x_0,y_0)), x_0\in I$ heißt **Linienelement** der Differenzialgleichung $y'(x)=f(x,y(x))$. Das **Richtungsfeld** ist die Gesamtheit aller Linienelemente $(x,y(x),y'(x))$ mit $(x,y(x)), x\in B$. Als **Isokline** bezeichnet man die Kurven, auf denen das Richtungsfeld die gleiche Steigung c hat. Die Isoklinen sind durch die Gleichung $f(x,y(x))=c$ definiert.

Bemerkung: Bei der grafischen Darstellung zeichnet man zunächst die Verbindungslinie (Isokline) aller Punkte, deren Linienelemente die gleiche Steigung haben.

Definition 1.4

Kommen in einer Differenzialgleichung n-ter Ordnung die gesuchte Funktion $y(x)$ und ihre Ableitungen $y'(x), y'''(x), \ldots y^{(n)}(x)$ nur in der ersten Potenz vor, so liegt eine **lineare Differenzialgleichung** vor, andernfalls ist die Differenzialgleichung **nichtlinear**.

Das Richtungsfeld der Differenzialgleichung $y'(x) = \cos x$ ist in Bild 1.1 wiedergegeben.

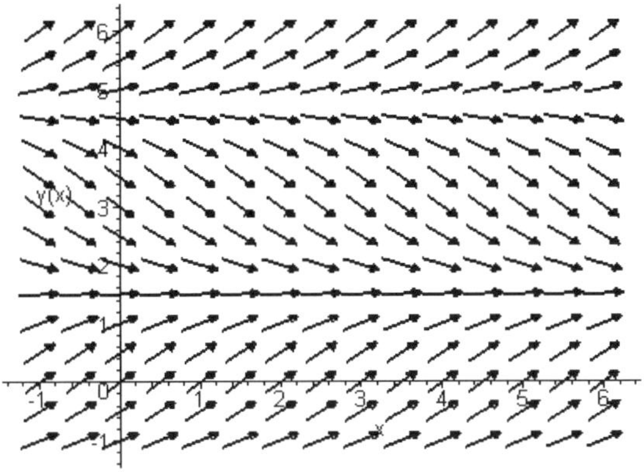

Bild 1.1 Richtungsfeld

Eine lineare Differenzialgleichung n-ter Ordnung kann in der Gestalt

$$\sum_{k=0}^{n} a_k(x) y^{(k)}(x) = b(x) \tag{1.4}$$

geschrieben werden. Eine lineare Differenzialgleichung heißt **homogen**, wenn die rechte Seite in (1.4) verschwindet, d. h. wenn $b(x) = 0$ gilt:

$$\sum_{k=0}^{n} a_k(x) y^{(k)}(x) = 0;$$

im Fall $b(x) \neq 0$ spricht man von einer **inhomogenen Differenzialgleichung**.

1.2 Differenzialgleichungssysteme

Bei vielen technischen Problemen ist ein Zusammenhang zwischen verschiedenen Elementen zu beschreiben, was durch eine einzelne Gleichung nicht möglich ist, dazu sind Systeme von Gleichungen erforderlich. Das Analogon zu Differenzialgleichungen 1. Ordnung, welche in Form einer Gleichung für eine gesuchte Funktion $y(x)$ und deren erste Ableitung formuliert wird, stellen Differenzialgleichungssysteme 1. Ordnung dar, das sind n Gleichungen für n gesuchte Funktionen $y_1(x), y_2(x), \ldots, y_n(x)$. Systeme expliziter gewöhnlicher Differenzialgleichungen lassen sich immer als Systeme 1. Ordnung ausdrücken. Dabei spielen lineare Systeme eine besonders wichtige Rolle.

Definition 1.5

Ein explizites **Differenzialgleichungssystem erster Ordnung** für n stetig differenzierbare Funktionen $y_1(x),\ y_2(x),\ \ldots, y_n(x), x \in I \subseteq \mathbf{R}$ hat die Gestalt

$$\begin{aligned} y_1'(x) &= f_1\left(x, y_1(x),\ y_2(x),\ \ldots, y_n(x)\right) \\ y_2'(x) &= f_2\left(x, y_1(x),\ y_2(x),\ \ldots, y_n(x)\right) \\ \vdots\quad &\qquad \vdots \\ y_n'(x) &= f_n\left(x, y_1(x),\ y_2(x),\ \ldots, y_n(x)\right) \end{aligned} \tag{1.5}$$

es wird auch als **kanonisches System** oder **Normalform** eines Differenzialgleichungssystems bezeichnet.

Durch vektorielle Zusammenfassung

$$\boldsymbol{y}(x) = \begin{pmatrix} y_1(x) \\ y_2(x) \\ \vdots \\ y_n(x) \end{pmatrix},\ \boldsymbol{y}'(x) = \begin{pmatrix} y_1'(x) \\ y_2'(x) \\ \vdots \\ y_n'(x) \end{pmatrix},\ \boldsymbol{f}(x, \boldsymbol{y}(x)) = \begin{pmatrix} f_1(x, y_1(x), y_2(x), \ldots, y_n(x)) \\ f_2(x, y_1(x), y_2(x), \ldots, y_n(x)) \\ \vdots \\ f_n(x, y_1(x), y_2(x), \ldots, y_n(x)) \end{pmatrix}$$

lässt sich das System in der kompakten Form

$$\boldsymbol{y}'(x) = \boldsymbol{f}(x, \boldsymbol{y}(x))$$

schreiben. Bei einem Anfangswertproblem werden zusätzlich die n Funktionswerte $y_1(x), y_2(x),\ \ldots, y_n(x)$ an einer Stelle $x_0 \in I$ vorgeschrieben

$$\boldsymbol{y}(x_0) = \begin{pmatrix} y_{10} \\ y_{20} \\ \vdots \\ y_{n0} \end{pmatrix}.$$

Wir betrachten Differenzialgleichungssysteme erster Ordnung, da sowohl Gleichungen als auch Systeme höherer Ordnung in Differenzialgleichungssysteme erster Ordnung überführt werden können.

Definition 1.6

Eine Differenzialgleichung $y^{(n)}(x) = f\left(x, y(x), y'(x), \ldots, y^{(n-1)}(x)\right)$ bzw. ein Differenzialgleichungssystem $\boldsymbol{y}'(x) = \boldsymbol{f}(x, \boldsymbol{y}(x))$ heißen **autonom**, wenn die Differenzialgleichung bzw. das System die unabhängige Variable x nicht explizit enthält.

Beispiel 1.5

$y'''(x) = \sin y'(x) + e^{y'(x)} y''(x)$ ist eine autonome Differenzialgleichung und $y_1'(x) = y_2(x),\ y_2'(x) = y_1(x)$ ist ein autonomes System. ■

Definition 1.7

Ein lineares **Differenzialgleichungssystem erster Ordnung** für n stetig differenzierbare Funktionen $y_1(x),\ y_2(x),\ \ldots, y_n(x), x \in I \subseteq \mathbf{R}$ hat die Gestalt

$$
\begin{aligned}
y_1'(x) &= \sum_{k=1}^{n} a_{1k}(x) y_k(x) + b_1(x) \\
y_2'(x) &= \sum_{k=1}^{n} a_{2k}(x) y_k(x) + b_2(x) \\
\vdots \quad & \quad\ \vdots \\
y_n'(x) &= \sum_{k=1}^{n} a_{nk}(x) y_k(x) + b_n(x)
\end{aligned}
\tag{1.6}
$$

Dabei sind die Koeffizienten $a_{ij}(x), x \in I, i, j = 1, 2, \ldots, n$ und die Inhomogenitäten $b_i(x), x \in I, i = 1, 2, \ldots, n$ stetige Funktionen. Sind die Koeffizientenfunktionen in (1.6) Konstante, d. h. reelle Zahlen $a_{ij} \in \mathbf{R}$, so spricht man von einem linearen System mit **konstanten Koeffizienten**. Jede Vektorfunktion $\boldsymbol{y} = (y_1(x),\ y_2(x),\ \ldots, y_n(x))^T$, welche das System (1.6) erfüllt, wird Lösung des Systems genannt.

Mit den Abkürzungen

$$
\boldsymbol{A}(x) = \begin{pmatrix} a_{11}(x) & a_{12}(x) & \cdots & a_{1n}(x) \\ a_{21}(x) & a_{22}(x) & \vdots & a_{2n}(x) \\ \vdots & \vdots & \vdots & \vdots \\ a_{n1}(x) & a_{n2}(x) & \cdots & a_{nn}(x) \end{pmatrix} \text{ und } \boldsymbol{b}(x) = \begin{pmatrix} b_1(x) \\ b_2(x) \\ \vdots \\ b_n(x) \end{pmatrix}
$$

können wir (1.6) in Matrix-Vektor-Notation darstellen

$$\boldsymbol{y}'(x) = \boldsymbol{A}(x)\,\boldsymbol{y}(x) + \boldsymbol{b}(x).$$

Das System (1.6) heißt **homogen**, falls

$$\boldsymbol{b}(x) = \boldsymbol{0} = \begin{pmatrix} 0 \\ 0 \\ \vdots \\ 0 \end{pmatrix}$$

gilt, sonst **inhomogen**.

Die Bedeutung der Differenzialgleichungssysteme erster Ordnung liegt darin, dass man jede Differenzialgleichung n-ter Ordnung in ein System erster Ordnung transformieren kann.

Satz 1.1

Eine explizite Differenzialgleichung n-ter Ordnung

$$y^{(n)}(x) = f\left(x, y(x), y'(x), \ldots, \ldots y^{(n-1)}(x)\right)$$

kann durch Einführung der Variablen

$$u_1(x) = y(x), u_2(x) = y'(x), u_3(x) = y''(x), \ldots,\ u_n(x) = y^{(n-1)}(x)$$

in das folgende explizite Differenzialgleichungssystem erster Ordnung überführt werden

$$\begin{aligned} u_1'(x) &= u_2(x) \\ u_2'(x) &= u_3(x) \\ \vdots\quad &\quad \vdots \\ u_n'(x) &= f(x, u_1, u_2, \ldots, u_n). \end{aligned}$$

Bemerkung: Bei einem Anfangswertproblem sind noch die entsprechenden Anfangsbedingungen zu berücksichtigen.

Beispiel 1.6

Überführen Sie die nachfolgende Differenzialgleichung dritter Ordnung $y'''(x) = x^3 + \cos y(x) + \mathrm{e}^{y'(x)}$ in ein System erster Ordnung.

Lösung: Wir führen die Variablen

$$u_1(x) = y(x), u_2(x) = y'(x), u_3(x) = y''(x)$$

ein und erhalten daraus das System

$$u_1'(x) = u_2(x)$$
$$u_2'(x) = u_3(x)$$
$$u_3'(x) = x^3 + \cos(u_1(x)) + e^{u_2(x)}. \blacksquare$$

Auch jedes explizite System höherer Ordnung kann in ein System erster Ordnung überführt werden.

Beispiel 1.7

Transformieren Sie das Anfangswertproblem

$$u''(x) = 2x - u(x) - v(x) - 3u'(x)^2 \sin v'(x)$$
$$v'''(x) = v''(x) - u'(x) + e^{u(x)}$$
$$u(1) = 2, u'(1) = -2, v(1) = 3, v'(1) = 0, v''(1) = 5$$

in ein Anfangswertproblem für ein Differenzialgleichungssystem erster Ordnung.

Lösung: Die Beziehung zwischen der neu eingeführten Variablen y und den bestehenden Variablen u und v ist in Form einer Tabelle wiedergegeben.

Tabelle 1.1 Transformation auf ein System erster Ordnung

Alte Bezeichnung	Neue Bezeichnung	Zugehörige Differenzialgleichung
$u(x)$	$y_1(x)$	$y_1'(x) = y_2(x)$
$u'(x)$	$y_2(x)$	$y_2'(x) = 2x - y_1(x) - y_3(x) - 3y_2'(x)^2 \sin y_4'(x)$
$v(x)$	$y_3(x)$	$y_3'(x) = y_4(x)$
$v'(x)$	$y_4(x)$	$y_4'(x) = y_5(x)$
$v''(x)$	$y_5(x)$	$y_5'(x) = y_5(x) - y_2(x) + e^{y_1(x)}$

Für die Anfangsbedingungen $u(1) = 2, u'(1) = -2, v(1) = 3, v'(1) = 0, v''(1) = 5$ ergibt sich $y_1(1) = 2, y_2(1) = -2, y_3(1) = 3, y_4(1) = 0, y_5(1) = 5$. $\blacksquare$

Trajektorien

Bei den nachfolgenden Betrachtungen beschränken wir uns auf Systeme von zwei Differenzialgleichungen, die in einem reellen Intervall I definiert sind.

$$\begin{aligned} y_1'(x) &= f(x, y_1(x), y_2(x)) \\ y_2'(x) &= g(x, y_1(x), y_2(x)). \end{aligned} \tag{1.7}$$

Jede Lösung $y_1 = y_1(x), y_2 = y_2(x)$ dieses Systems definiert eine räumliche Kurve C (vgl. Dobner/Engelmann [3]):

$$C: \begin{pmatrix} x \\ y_1(x) \\ y_2(x) \end{pmatrix}, x \in I.$$

Eine Lösung $\boldsymbol{y}(x) = (y_1(x), y_2(x))^T$ definiert aber auch folgende Kurve in der $y_1 - y_2$-Ebene

$$\begin{pmatrix} y_1(x) \\ y_2(x) \end{pmatrix}, \ x \in I.$$

Definition 1.8

Ist $\boldsymbol{y}(x) = (y_1(x), y_2(x))^T$ eine Lösung des Systems (1.7), so heißt die ebene Kurve

$$\begin{pmatrix} y_1(x) \\ y_2(x) \end{pmatrix}, \ x \in I$$

Bahn oder **Trajektorie** der Lösung. Die $y_1 - y_2$-Ebene wird als **Phasenebene** bezeichnet.

Beispiel 1.8

Zeigen Sie: Das Differenzialgleichungssystem

$$\begin{aligned} y_1'(x) &= y_2(x) \\ y_2'(x) &= -y_1(x), x \in [0, 2\pi] \end{aligned}$$

besitzt die Lösung $\boldsymbol{y} = (y_1(x), y_2(x))^T = (\sin x, \cos x)^T$. Bestimmen Sie die Bahn der Lösung.

Lösung: Für die Ableitungen gilt $y_1'(x) = \cos x$ und $y_2'(x) = -\sin x$. Daraus erkennt man, dass $\boldsymbol{y}(x) = (y_1(x), y_2(x))^T$ eine Lösung des Systems ist. Die Menge der Punkte

$$\begin{pmatrix} x \\ \sin x \\ \cos x \end{pmatrix}, x \in [0,2\pi]$$

durchläuft die Kurve

$$\begin{pmatrix} \sin x \\ \cos x \end{pmatrix}, \ x \in [0,2\pi],$$

das ist wegen $y_1^2(x) + y_2^2(x) = \sin^2 x + \cos^2 x = 1$ der Einheitskreis. ■

Beispiel 1.9

Bestätigen Sie, dass $y_1(x) = \mathrm{e}^{-x} \cos x, y_2(x) = \mathrm{e}^{-x} \sin x, x \in [0,10]$ eine Lösung des Differenzialgleichungssystems

$$\begin{aligned} y_1'(x) &= -y_1(x) - y_2(x) \\ y_2'(x) &= y_1(x) - y_2(x) \end{aligned}$$

ist. Bestimmen und skizzieren Sie die Bahn der Lösung zur Anfangsbedingung $\mathbf{y}(0) = (30,40)^T$.

Lösung: Es ist $y_1'(x) = -\mathrm{e}^{-x} \cos x - \mathrm{e}^{-x} \sin x$, $y_2'(x) = -\mathrm{e}^{-x} \sin x + \mathrm{e}^{-x} \cos x$, durch Einsetzen folgt die Behauptung. Die Bahn der Lösung ist die Kurve

$$\begin{pmatrix} \mathrm{e}^{-x} \cos x \\ \mathrm{e}^{-x} \sin x \end{pmatrix}, \ x \in [0,10].$$

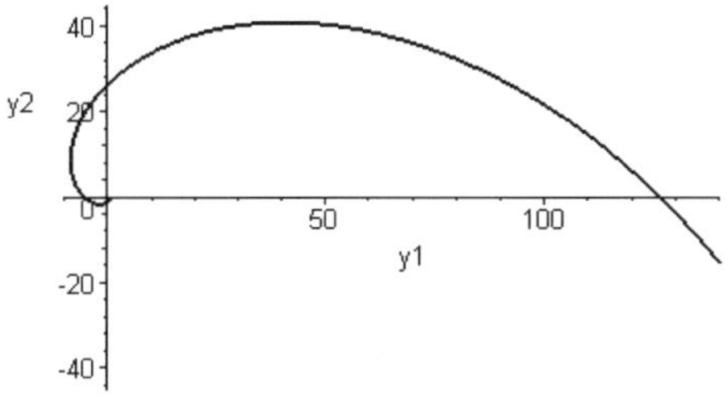

Bild 1.2 Bahn

In Bild 1.2 ist die Bahn zur Anfangsbedingung $\boldsymbol{y}(0) = (y_1(0), y_2(0))^T = (30,40)^T$ gezeichnet. ■

1.3 Partielle Differenzialgleichungen

In vielen Fällen lassen sich natur- oder wirtschaftswissenschaftliche Vorgänge nicht mit einer unabhängigen Variablen beschreiben, sondern führen auf Gleichungen, in denen partielle Ableitungen einer von n Variablen abhängigen Funktion u auftreten. Die dabei entstehenden Differenzialgleichungen werden als partielle Differenzialgleichungen bezeichnet. In diesem Abschnitt befassen wir uns mit einigen wichtigen partiellen Differenzialgleichungen.

Definition 1.9

Eine **partielle Differenzialgleichung** ist eine Differenzialgleichung, in welcher neben der gesuchten Funktion $u(x_1, x_2, \cdots, x_n)$ und den unabhängigen Variablen $x_1, x_2, \cdots, x_n$ auch partielle Ableitungen von u vorkommen. Die höchste in der Gleichung auftretende Ableitung nennt man die **Ordnung der Differenzialgleichung**. Allgemein lässt sich eine partielle Differenzialgleichung m-ter Ordnung für eine Funktion $u(x_1, x_2, \cdots, x_n)$ in der Form

$$F\left(x_1, x_2, \ldots, x_n, \frac{\partial u}{\partial x_1}, \ldots, \frac{\partial u}{\partial x_1}, \ldots, \frac{\partial^m u}{\partial^m x_1}, \ldots, \frac{\partial^m u}{\partial^{k_1} x_1 \partial^{k_2} x_2 \ldots \partial^{k_n} x_n}, \ldots, \frac{\partial^m u}{\partial^m x_n}\right) = 0$$

mit $k_1 + k_2 + \ldots + k_n = m$ schreiben.

Hinweis: Im Unterschied zu gewöhnlichen Differenzialgleichungen wird bei partiellen Differenzialgleichungen die gesuchte Funktion, d. h. die abhängige Variable, mit dem Symbol u bezeichnet.

Bemerkung: Kommen in einer partiellen Differenzialgleichung die gesuchte Funktion $u(x_1, x_2, \cdots, x_n)$ und ihre Ableitungen nur in der ersten Potenz vor, so spricht man von einer **linearen partiellen Differenzialgleichung**, andernfalls ist die Differenzialgleichung **nichtlinear**. Eine Funktion $u = \phi(x_1, x_2, \cdots, x_n)$, welche die Differenzialgleichung in einem Gebiet G des x-Raumes identisch erfüllt, ist eine Lösung.

Hinweis: Im Falle einer von zwei bzw. drei Variablen abhängenden Funktion schreibt man statt $u(x_1, x_2)$ bzw. $u(x_1, x_2, x_3)$ häufig $u(x, y)$ bzw. $u(x, y, z)$. An Stelle von $\frac{\partial u(x,y)}{\partial x}, \frac{\partial u(x,y)}{\partial y}, \frac{\partial^2 u(x,y)}{\partial x^2}, \frac{\partial\, u(x,y)}{\partial x \partial y}, \frac{\partial^2 u(x,y)}{\partial y^2}$ schreibt man dann $u_x, u_y, u_{xx}, u_{xy}, u_{yy}$.

Wichtige partielle Differenzialgleichungen zweiter Ordnung in zwei unabhängigen Veränderlichen sind in nachfolgender Übersicht zusammengestellt. Dabei bezeichnen x und y räumliche Koordinaten und t die Zeit.

Tabelle 1.2 Partielle Differenzialgleichungen 2. Ordnung

Name der Gleichung	**Differenzialgleichung**
Laplacegleichung	$\frac{\partial^2 u(x,y)}{\partial x^2}+\frac{\partial^2 u(x,y)}{\partial y^2}=0$
Wellengleichung	$\frac{\partial^2 u(x,t)}{\partial x^2}-\frac{\partial^2 u(x,t)}{\partial t^2}=0$
Wärmeleitungsgleichung	$\frac{\partial^2 u(x,t)}{\partial x^2}-\frac{\partial u(x,t)}{\partial t}=0$

Beispiel 1.10

Mit einer reellen Zahl a betrachten wir die lineare partielle Differenzialgleichung erster Ordnung $\frac{\partial u(x,y)}{\partial x}+a\frac{\partial u(x,y)}{\partial y}=0$. Zeigen Sie, dass $u(x,y)=g(y-ax)$ eine Lösung der Differenzialgleichung ist, dabei bedeutet g eine beliebige, differenzierbare Funktion. Wie lautet die Lösung, welche die Anfangsbedingung $u(0,y)=3\sin y$ erfüllt?

Lösung: Mit $u(x,y)=g(y-ax)$ erhalten wir für die ersten partiellen Ableitungen

$$\frac{\partial u(x,y)}{\partial x}=\frac{\partial g}{\partial x}=g'(y-ax)(-a),$$

$$\frac{\partial u(x,y)}{\partial y}=\frac{\partial g}{\partial y}=g'(y-ax)(1).$$

Einsetzen liefert die Behauptung

$$\frac{\partial u(x,y)}{\partial x}+\frac{\partial u(x,y)}{\partial y}=g'(y-ax)(-a)+ag'(y-ax)=0.$$

Wie wir durch Differenzieren und Einsetzen der partiellen Ableitungen gesehen haben, sind alle Funktionen der einparametrischen Funktionenschar $g(y-ax)$ Lösung der Differenzialgleichung. Für $x=0$ folgt weiter $u(0,y)=g(y)=3\sin y$, damit ist $u(x,y)=g(y-ax)=3\sin(y-ax)$ die gesuchte Lösung des Anfangswertproblems. ■

Bemerkung: Während bei gewöhnlichen Differenzialgleichungen die Lösungsschar durch freie Wahl gewisser Parameter entsteht, treten bei partiellen Differenzialgleichungen i. Allg. frei wählbare Funktionen auf, wie in Beispiel 1.10 die Funktion $g(x)$, von welcher nur Differenzierbarkeit zu fordern ist.

Beispiel 1.11

Zeigen Sie, dass die Funktion $u(x,y)=\mathrm{e}^{-6x+3y}$ eine Lösung der partiellen Differenzialgleichung $\frac{\partial^2 u(x,y)}{\partial x^2}+3\frac{\partial^2 u(x,y)}{\partial x \partial y}+2\frac{\partial^2 u(x,y)}{\partial y^2}=0$ ist.

Lösung: Für $u(x,y)=\mathrm{e}^{-6x+3y}$ erhalten wir die partiellen Ableitungen

$$\frac{\partial^2 u(x,y)}{\partial x^2}=36\mathrm{e}^{-6x+3y},\ \frac{\partial^2 u(x,y)}{\partial x \partial y}=-18\mathrm{e}^{-6x+3y},\ \frac{\partial^2 u(x,y)}{\partial y^2}=9\mathrm{e}^{-6x+3y},$$

Durch Einsetzen in die Differenzialgleichung folgt

$$36\mathrm{e}^{-6x+3y}+3(-18)\mathrm{e}^{-6x+3y}+2\cdot\left(9\mathrm{e}^{-6x+3y}\right)=(36-54+18)\mathrm{e}^{-6x+3y}=0. \blacksquare$$

Nur wenige partielle Differenzialgleichungen können analytisch gelöst werden, zu diesen zählen z.B. die Gleichungen aus Tabelle 1.3.

Tabelle 1.3 Lösungen wichtiger partieller Differenzialgleichungen

Problem	**Lösung**
$\frac{\partial^2 u(x,y)}{\partial x^2}+\frac{\partial^2 u(x,y)}{\partial y^2}=0$ für $x^2+y^2\le 1$ mit der Randbedingung $u=f$ für $x^2+y^2=1$, f beliebige, stetige Funktion	$u(r,\varphi)=\frac{1}{2\pi}\int_0^{2\pi}\frac{(1-r^2)f(\gamma)\mathrm{d}\gamma}{1-2r\cos(\varphi-\gamma)+r^2}$ r,φ Polarkoordinaten
$\frac{\partial^2 u(x,t)}{\partial x^2}-\frac{\partial^2 u(x,t)}{\partial t^2}=0$	$u(x,y)=f(x+y)+g(x-y)$, f,g sind beliebige, zweimal stetig differenzierbare Funktionen
$\frac{\partial^2 u(x,t)}{\partial x^2}-\frac{\partial u(x,t)}{\partial t}=0$	$u(x,t)=\frac{1}{\sqrt{4\pi t}}\int_{-\infty}^{\infty}\mathrm{e}^{-\frac{(x-s)^2}{4t}}f(s)\mathrm{d}s$, f ist eine beliebige, stetige Funktion

1.4 Anwendungen

Mittels Differenzialgleichungen können viele Vorgänge in Naturwissenschaft, Wirtschaft und Technik modelliert und beschrieben werden. In diesem Abschnitt werden dazu Beispiele vorgestellt. Bei der Entwicklung der entsprechenden Modelle betrachtet man zuerst den Zuwachs Δf einer Funktion f:

$$\Delta f = f(x_0 + \Delta x) - f(x_0)$$

und nutzt aus, dass zwischen Ableitung und Zuwachs die Beziehung

$$f'(x_0) = \lim_{\Delta x \to 0} \frac{\Delta f}{\Delta x} = \lim_{\Delta x \to 0} \frac{f(x_0 + \Delta x) - f(x_0)}{\Delta x} \approx \frac{\Delta f}{\Delta x}$$

besteht.

1.4.1 Medikamentenresorption

Die Konzentration u eines Medikaments in der Blutbahn nimmt mit der Zeit t ab. Ist $u(t_0)$ bzw. $u(t_0 + \Delta t)$ der Serumspiegel zur Zeit t_0 bzw. $t_0 + \Delta t$, so ist die Konzentration $u(t)$ direkt proportional zur Anfangskonzentration $u(t_0)$ und der Zeitdifferenz Δt

$$u(t_0 + \Delta t) - u(t_0) = -ku(t)\Delta t, \; t_0 \le t \le t_0 + \Delta t \qquad (*)$$

Die Konstante k ist durch Messungen bestimmbar und beschreibt den Übertritt des Medikaments in die Blutbahn. Diese Größe $u(t)$ wird in der Einheit mg/ml gemessen und k wird in der Einheit $1/\text{h}$ angegeben. Dividiert man den Ausdruck (*) durch Δt und lässt Δt gegen Null streben, so erhält man die Differenzialgleichung

$$u'(t) = -ku(t).$$

Bezeichnet u_0 den Serumspiegel zum Zeitpunkt $t_0 = 0$, so führt dies auf das Anfangswertproblem

$$u'(t) = -ku(t), \; u(0) = u_0.$$

1.4.2 Das SIR-Modell

Wir wollen den zeitlichen Verlauf einer Krankheitswelle mathematisch beschreiben. Dazu verwenden wir folgende Bezeichnungen und Abkürzungen.

Tabelle 1.4 Einflussgrößen des SIR-Modells

Bezeichnung	**Bedeutung**
t	Zeit in Tagen gemessen
S	Zahl der Suszeptiblen; das sind Personen, die angesteckt werden können, aber noch nicht erkrankt sind.
I	Zahl der infizierten Personen
R	Zahl der aus dem Krankheitsprozess ausgeschiedenen Personen
$a>0$	Infektionsrate
$h>0$	Heilungsrate

Weiter gehen wir von folgenden Voraussetzungen aus:

- Die Zeit zwischen Ansteckung und Ausbruch (Latenzzeit) der Krankheit ist Null.
- Die Gesamtbevölkerung bleibt konstant, d. h. $S(t)+I(t)+R(t)=const=N$.
- Die Ansteckung ist proportional zur Anzahl der Kontakte zwischen Infizierten und Suszeptiblen: $S(t)\cdot I(t)$.
- Der Ansteckungsweg ist in folgendem Schaubild dargestellt und Ansteckung ist nur in dieser Weise möglich:

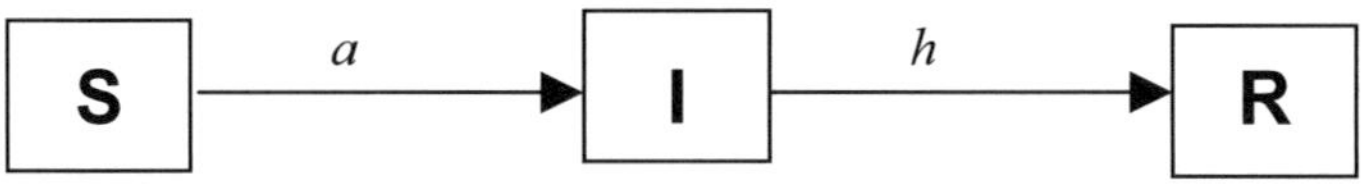

Unter diesen Voraussetzungen erhalten wir folgendes Epidemiemodell, welches beispielsweise den zeitlichen Verlauf einer Grippe beschreibt:

$$S'(t)=-aS(t)I(t),\ S(0)=S_0>0$$

$$I'(t)=aS(t)I(t)-hI(t),\ I(0)=I_0>0$$

$$R'(t)=hI(t),\ R(0)=R_0\geq 0$$

Die beiden ersten Gleichungen hängen nicht von R ab, daher kann das Teilsystem

$$S'(t)=-aS(t)I(t),\ S(0)=S_0>0$$

$$I'(t) = aS(t)I(t) - hI(t),\ I(0) = I_0 > 0$$

separat untersucht werden. Aus der zweiten Gleichung folgt:

$$I'(0) = I_0(aS_0 - h)$$

Daraus können wir, ohne die Lösung zu kennen, bereits folgende Schlussfolgerungen ziehen:

- Die Krankheit breitet sich aus, wenn $I'(0) > 0$ gilt, das ist für $S_0 > \frac{h}{a}$ der Fall.
- Die Krankheit breitet sich nicht aus, wenn $I'(0) < 0$ gilt, das ist für $S_0 < \frac{h}{a}$ der Fall.

1.4.3 Schwingungsvorgänge

Wir betrachten einen Körper der Masse m, der an einer Feder mit der Federkonstanten c hängt. Durch die Schwerkraft ist die Feder gedehnt. Der Schwerpunkt des Körpers in dieser Ruhelage wird als Nullpunkt einer vertikalen y-Achse, deren positive Richtung nach unten weist, gewählt, d. h. $y(t)$ ist die Auslenkung des Schwerpunktes zur Zeit t. Zum Zeitpunkt $t = 0$ befindet sich der Schwerpunkt des Körpers an der Stelle $y(0)$. Die Anfangsgeschwindigkeit zum Zeitpunkt $t = 0$ ist durch $v_0 = y'(0)$ gegeben. Der Bewegung wirkt eine der Geschwindigkeit proportionale Reibungskraft entgegen; zudem greift im Schwerpunkt die in Richtung der y-Achse wirkende äußere Kraft $F(t)$ an. Auf den Körper wirken folgende Kräfte:

- Reibungs- oder Dämpfungskraft: $-b\,y'(t)$
- Federkraft: $-c\,y(t)$ (Rückstellkraft)
- Äußere Kraft: $F(t)$

Nach dem 2. Newtonschen Gesetz „Kraft = Masse * Beschleunigung“ und dem 3. Newtonschen Gesetz „actio et reactio“ ist das Produkt aus Masse und Beschleunigung gleich der Summe aller auftretenden Kräfte und führt somit zur folgenden inhomogenen linearen Differenzialgleichung 2. Ordnung mit konstanten Koeffizienten

$$m\,y''(t) = -b\,y'(t) - c\,y(t) + F(t).$$

Umstellen liefert die Schwingungsdifferenzialgleichung

$$m\,y''(t) + b\,y'(t) + c\,y(t) = F(t),\ t \geq 0.$$

1.4.4 Kompartimentmodellierung

Kompartimentmodellierung ist eine Technik der Systembeschreibung in Biologie und Medizin. Die Darstellung der Materieflüsse in einem System erfolgt durch eine Zerlegung des Gesamtsystems in eine bestimmte Anzahl von Teilen (Kompartimente). Der Materieaustausch zwischen diesen wird durch bestandsproportionale Anteile erfasst und führt als mathematisches Modell zu einem Differenzialgleichungssystem. Wir beschreiben Aufnahme und Verteilung von Schwermetallen im menschlichen Körper, dabei unterscheiden wir die folgenden Gewebstypen (Kammern, $i = 1, 2, 3$):

- Knochen
- Blut
- Weichteile

Als Kammer mit dem Index 0 tritt die Umwelt auf. Die verwendeten Bezeichnungen und ihre Bedeutung sind in Tabelle 1.5 zusammengestellt.

Tabelle 1.5 Kompartimentmodellierung

Bezeichnung	**Bedeutung**
t	Zeit, gemessen in Tagen
x_i	Schwermetallkonzentration in Kammer $i = 0,1,2,3$, gemessen in Mikrogramm
$a_{i,j}, i, j = 0,1,2,3$	Übergangsrate von Kammer j zu Kammer i pro Tag, gemessen in Mikrogramm
$U(t)$	Aufnahme von Schwermetall aus der Umwelt, gemessen in Mikrogramm pro Tag

Des Weiteren werden folgende Vereinfachungen vorgenommen:

- Die Schadstoffkonzentration in der Umgebung wird dabei nicht berücksichtigt; es handelt sich um ein sogenanntes „Offenes–Kammern–Modell", d. h. es kommt kein x_0 -Term vor. Das hat $a_{i,0} = 0$, $i = 0,1,2,3$ zur Folge.
- Eine Kammer ist die kleinste Einheit, das bedeutet $a_{i,i} = 0$, $i = 1,2,3$.
- Weichteile und Skelett interagieren nicht miteinander, daraus folgt die Beziehung: $a_{2,3} = a_{3,2} = 0$.
- Keine direkte Abgabe von Schwermetallen vom Skelett an die Umwelt, daraus folgt $a_{0,3} = 0$.
- Die Aufnahme von Schwermetallen ist konstant: $U(t) = U = const$

- Die Abgabe von Schwermetallen aus dem Blut an die Umwelt, an die Weichteile und die Knochen ist proportional zur vorhandenen Blutmenge.

Diese Annahmen führen auf folgendes System linearer Differenzialgleichungen:

$$x_1'(t) = -(a_{0,1} + a_{2,1} + a_{3,1})x_1(t) + a_{1,2}x_2(t) + a_{1,3}x_3(t) + U(t)$$
$$x_2'(t) = a_{2,1}x_1(t) - (a_{0,2} + a_{1,2})x_2(t)$$
$$x_3'(t) = a_{3,1}x_1(t) - a_{1,3}x_3(t)$$

Mit den Abkürzungen

$$\boldsymbol{A} = \begin{pmatrix} -(a_{0,1} + a_{2,1} + a_{3,1}) & a_{1,2} & a_{1,3} \\ a_{2,1} & -(a_{0,2} + a_{1,2}) & 0 \\ a_{3,1} & 0 & -a_{1,3} \end{pmatrix},$$

$$\boldsymbol{f}(t) = \begin{pmatrix} U \\ 0 \\ 0 \end{pmatrix}, \boldsymbol{x}^{(0)} = \begin{pmatrix} x_1(0) \\ x_2(0) \\ x_3(0) \end{pmatrix}, \boldsymbol{x}(t) = \begin{pmatrix} x_1(t) \\ x_2(t) \\ x_3(t) \end{pmatrix}$$

erhalten wir die Matrixschreibweise des Differenzialgleichungssystems

$$\boldsymbol{x}'(t) = \boldsymbol{A}\boldsymbol{x}(t) + \boldsymbol{f}(t).$$

Aufgaben

1.1 Gegeben ist die Differenzialgleichung $x^2(1 - \ln x)y''(x) + x\,y'(x) - y(x) = 0$. Welche der folgenden Funktionen ist eine Lösung der Differenzialgleichung a) $y(x) = x$, b) $y(x) = x^2$, c) $y(x) = \ln x$?

1.2 Man bestimme eine Differenzialgleichung so, dass die Lösungsfunktionen Kreise $(x - a)^2 + y^2 = r^2$ sind.

1.3 Zeichnen Sie das Richtungsfeld der Differenzialgleichung $y'(x) = 2x$ für $-2 \le x \le 4$.

1.4 Zeichnen Sie die Bahn des Differenzialgleichungssystems

$$y_1'(x) = -y_2(x)$$
$$y_2'(x) = y_1(x) + \sin x,$$

welche die Anfangsbedingung $y_1(0) = y_2(0) = 0$ erfüllt.

1.5 Für $x > 0$ betrachte man die folgende einparametrische Kurvenschar $x\,y(x) = k^2$, $k \in \mathbf{R}$. Wie lautet die Differenzialgleichung zu dieser Kurvenschar?

1.6 Für die lineare Differenzialgleichung $y'(x) - y(x) = 0$ skizziere man das Richtungsfeld.

1.7 Bestimmen Sie Ordnung und Typ (linear, nichtlinear,...) der folgenden Differenzialgleichungen

a) $y'(x)\,y(x) = \sin x$,

b) $y'''(x) - 2xy(x) = 0$,

c) $\sqrt{y''(x) + \mathrm{e}^{y(x)}} = y(x)x^2 + 2x - 3$,

d) $u(x,y)\dfrac{\partial u(x,y)}{\partial x} - x^2\,\dfrac{\partial^2 u(x,y)}{\partial y^2} = 2x$,

e) $y''(x) = y'(x)\,y(x)$,

f) $y^{(5)}(x) + 3y'''(x) - 2y''(x) + y(x) = \sin x + \cos x$,

g) $y_1'(x) = y_2(x) - xy_1(x), \quad y_2''(x) = -y_1(x) + xy_2(x) - 1$.

1.8 Zeigen Sie, dass die Funktionen $u(x,y) = 3x^2y, v(x,y) = x^3$ die Gleichung $\dfrac{\partial v(x,y)}{\partial x} = \dfrac{\partial u(x,y)}{\partial y}$ erfüllen.

1.9 Für welche Werte $\lambda = a + \mathrm{i}\,b \in \mathbf{C}$ ist die Funktion $y(x) = \mathrm{e}^{\lambda x}$ eine Lösung der Differenzialgleichung $y'''(x) - y''(x) + y'(x) - y(x) = 0$?

1.10 Man überführe die folgende Differenzialgleichung 2. Ordnung $y''(x) + 3xy'(x) - 6y(x) = 0$ in ein System 1. Ordnung.

2 Differenzialgleichungen erster Ordnung

Eine Differenzialgleichung 1. Ordnung lässt sich als implizite Differenzialgleichung in der Form $F(x, y(x), y'(x)) = 0$ schreiben. In vielen Fällen kann diese Gleichung nach $y'(x)$ aufgelöst werden und man erhält die explizite Differenzialgleichung 1. Ordnung

$$y'(x) = f(x, y(x)).$$

Zusammen mit der Vorgabe eines Anfangswerts $y'(x) = y_0$ spricht man von einem Anfangswertproblem der Differenzialgleichung.

2.1 Existenz- und Eindeutigkeitsaussagen

Bevor wir uns mit Lösungsverfahren für Differenzialgleichungen 1. Ordnung beschäftigen, wollen wir a priori Aussagen über Existenz und Eindeutigkeit der Lösungen von Anfangswertaufgaben des Typs

$$y'(x) = f(x, y(x)),$$
$$y(x_0) = y_0$$

bereitstellen.

Satz 2.1 (Existenzsatz von Peano)

Ist die Funktion f in einem Gebiet $B \subseteq \mathbf{R}$ stetig, dann geht durch jeden Punkt $(x_0, y_0) \in B$ mindestens eine Lösung $y(x)$ der Differenzialgleichung $y'(x) = f(x, y(x))$, welche sich nach links und rechts bis zum Rand von B fortsetzen lässt.

Satz 2.2 (Eindeutigkeitssatz von Picard-Lindelöf)

Erfüllt die stetige Funktion f mit einer positiven Konstanten $L \geq 0$ die Bedingung

$$|f(x, y_1) - f(x, y_2)| \leq L|y_1 - y_2|,\ x_0 \leq x \leq x_0 + a,\ -\infty < y_1, y_2 < \infty,$$

dann hat das Anfangswertproblem $y'(x) = f(x, y(x)),\ y(x_0) = y_0$ im Intervall $x_0 \leq x \leq x_0 + a$ genau eine Lösung.

Bemerkung: Eine Bedingung der Form

$$|f(x,y_1)-f(x,y_2)|\leq L|y_1-y_2|$$

wird als **Lipschitz-Bedingung** bezüglich y bezeichnet; L ist die **Lipschitz-Konstante**. Die Lipschitz-Bedingung ist eine Verstärkung der Stetigkeitsbedingung. Hinreichend für ihre Gültigkeit ist die Stetigkeit der partiellen Ableitung $f_y(x,y)$.

Beispiel 2.1

Welches der folgenden Differenzialgleichungsprobleme ist eindeutig lösbar

a) $y'(x)=\sqrt{y(x)},\, y(0)=0,\, x\geq 0$

b) $y'(x)=3y(x),\, y(2)=1,\, x\geq 2$?

Lösung: a) Nach dem Existenzsatz von Peano existiert eine Lösung der Anfangswertaufgabe, aber diese Lösung ist nicht eindeutig bestimmt, da die erste partielle Ableitung

$$f_y(x,y)=\frac{2}{\sqrt{y(x)}}$$

wegen $y(0)=0$ an der Stelle $x=0$ unstetig ist und somit die Lipschitz-Bedingung nicht gilt.

$$y_1(x)=0,\, x\geq 0 \text{ und } y_2(x)=\frac{x^2}{4},\, x\geq 0$$

sind zwei verschiedene Lösungen des Anfangswertproblems.

b) Diese Differenzialgleichung ist eindeutig lösbar, denn mit der Lipschitz-Konstanten $L=3$ gilt für $x_0=2\leq x<\infty,\ -\infty<y_1, y_2<\infty$,

$$|3y_1-3y_2|\leq 3|y_1-y_2|,$$

daher ist die Lösung des Anfangswertproblems eindeutig bestimmt. ■

2.2 Trennung der Veränderlichen

Wir wenden uns zunächst der Lösung nichtlinearer Differenzialgleichungen zu. Unter diesen spielen separierbare Gleichungen, d. h Diffferenzialgleichungen mit trennbaren Variablen eine wichtige Rolle.

Definition 2.1

Eine Differenzialgleichung erster Ordnung heißt **separierbar**, wenn sie in der Form

$$y'(x) = \frac{\mathrm{d}y}{\mathrm{d}x} = g(x)\,h(y(x)),\ x \in I \subseteq \mathbf{R} \tag{2.1}$$

geschrieben werden kann.

Beispiel 2.2

Man untersuche, welche der folgenden Differenzialgleichungen separierbar sind a) $y'(x) = \sin x\, y^2(x)$, b) $y'(x) = x + y(x)$.

Lösung: a) Mit $g(x) = \sin x$ und $h(y(x)) = y^2(x)$ kann die Differenzialgleichung in der Form $y'(x) = g(x)h(y(x)) = \sin x\, y^2(x)$ als Produkt einer nur von x abhängenden Funktion $g(x)$ und einer nur von y abhängenden Funktion $h(y)$ geschrieben werden, ist also separierbar.
b) Diese Differenzialgleichung ist nicht separierbar, da die rechte Seite die Summe einer von x abhängenden Funktion $g(x)$ und einer von y abhängenden Funktion $h(y)$ ist. ■

Ist $y(x)$ eine stetig differenzierbare Lösung der Differenzialgleichung $y'(x) = g(x)\,h(y(x))$ und beschränken wir uns hier auf Funktionen $h(y)$ mit $h(y) \neq 0$, d. h. Funktionen, welche die **Vorzeicheneigenschaft**

$$h(y(x)) > 0 \text{ oder } h(y(x)) < 0,$$

besitzen, dann können wir Gleichung (2.1) in der Form

$$\frac{y'(x)}{h(y(x))} = \frac{\frac{\mathrm{d}y}{\mathrm{d}x}}{h(y)} = g(x) \text{ schreiben.}$$

Formale Trennung der Variablen ergibt

$$\frac{\mathrm{d}y}{h(y)} = g(x)\mathrm{d}x.$$

Anschließende Integration auf beiden Seiten liefert

$$\int \frac{\mathrm{d}y}{h(y)} = \int g(x)\mathrm{d}x + C,$$

da beide Stammfunktionen derselben Funktion sind, unterscheiden sie sich höchstens um eine Konstante C. Dieses Verfahren wird als Trennung der Veränderlichen bezeichnet. Die Durchführung dieser Methode ist nachfolgend beschrieben.

Trennung der Veränderlichen

- Separierbare Differenzialgleichung $y'(x) = g(x)\, h(y)$ mit $h(y) \neq 0$
- Verwendung von Differenzialen $y'(x) = \frac{\mathrm{d}y}{\mathrm{d}x}$ liefert $\frac{\mathrm{d}y}{\mathrm{d}x} = g(x)h(y)$
- Trennen der Veränderlichen y und x: $\frac{\mathrm{d}y}{h(y)} = g(x)\mathrm{d}x$
- Integration $\int \frac{\mathrm{d}y}{h(y)} = \int g(x)\mathrm{d}x + C$

Beispiel 2.3

Bestimmen Sie mittels der Methode der Trennung der Veränderlichen die Lösung der Differenzialgleichung $y'(x) = \sqrt{y(x)},\ y(x) > 0$.

Lösung: Es handelt sich um eine separierbare Differenzialgleichung mit

$$h(y) = \sqrt{y} \quad \text{und} \quad g(x) = 1.$$

Trennung der Veränderlichen ergibt

$$\frac{\mathrm{d}y}{\mathrm{d}x} = \sqrt{y},$$

daraus folgt

$$\frac{\mathrm{d}y}{\sqrt{y}} = \mathrm{d}x \quad \text{und weiter durch Integration} \quad \int \frac{\mathrm{d}y}{\sqrt{y}} = \int \mathrm{d}x + C.$$

Dabei bezeichnet C die reelle Integrationskonstante. Mit

$$2\sqrt{y} = x + C$$

erhalten wir die implizite Darstellung der Lösung $y(x)$ der Differenzialgleichung

$$\sqrt{y} = \frac{1}{2}(x + C),\ C \in \mathbf{R}.\ \blacksquare$$

Bemerkung: In vielen Fällen kann die Lösung von nichtlinearen Differenzialgleichungen nur in impliziter Form bestimmt werden, über die Möglichkeit der Auflösbarkeit gibt der folgende Satz Auskunft.

Satz 2.3

Die Lösung der Differenzialgleichung

$$y'(x) = g(x)\,h(y(x)),\; x \in I \subseteq \mathbf{R},\; h(y(x)) \neq 0$$

ist in impliziter Form gegeben durch

$$V(y) := \int \frac{\mathrm{d}y}{h(y)} = \int g(x)\,\mathrm{d}x + C \tag{2.2}$$

dabei ist C eine beliebige Konstante und die Integrale bezeichnen Stammfunktionen von $\frac{1}{h(y)}$ bzw. $g(x)$. Besitzt die stetig differenzierbare Stammfunktion

$$V(y) := \int \frac{\mathrm{d}y}{h(y)},\; y \in J$$

den Wertebereich $R(V)$, so überdeckt dieser die linke und die rechte Seite der Differenzialgleichung (2.1), falls die **Auflösungsbedingung**

$$R(V) \supseteq \left\{ \int g(x)\,\mathrm{d}x + C,\; x \in I \right\} \tag{2.3}$$

erfüllt ist. Mit der stetig differenzierbaren Umkehrfunktion V^{-1} erhält man

$$y(x) = V^{-1}\left(\int g(x)\,\mathrm{d}x + C \right),\; x \in I \tag{2.4}$$

Umgekehrt bildet (2.4) mit allen Konstanten C, welche der Auflösungsbedingung (2.3) genügen, die allgemeine Lösung der Differenzialgleichung $y'(x) = g(x)\,h(y(x))$.

Bemerkung: Der nichtlineare Charakter der Differenzialgleichung (2.1) kommt in einer möglichen Einschränkung an die Integrationskonstante zum Ausdruck. Falls die Auflösungsbedingung (2.3) mit keiner Konstanten C erfüllt werden kann, existiert keine Lösung, es sei denn man schränkt die Lösung auf ein entsprechend verkleinertes Intervall ein.

Beispiel 2.4

Für welche reellen Zahlen x erfüllt die Lösung der Differenzialgleichung $y'(x) = \sqrt{y(x)}$, $y(x) > 0$ die Auflösungsbedingung?

Lösung: Die Lösung der vorgelegten Differenzialgleichung ist nach Beispiel 2.3 gegeben durch

$$\sqrt{y} = \frac{1}{2}(x + C),\, C \in \mathbf{R} \tag{*}$$

Die Lösungsfunktion $V(y) = \sqrt{y}\,, y > 0$ hat den Wertebereich $R(V) = (0,\infty)$, dieser muss den Wertebereich der rechten Seite überdecken, d. h. das Intervall I und die Konstante C müssen so gewählt werden, dass gilt

$$R(V) \supseteq \left\{ \frac{1}{2}(x + C) \right\},$$

daraus folgt $x + C > 0$, dies führt zu der Bedingung $x > -C$. Quadrieren der Gleichung (*) liefert für $x > -C$ die Umkehrfunktion y von V

$$y(x) = \left[\frac{1}{2}(x + C)\right]^2 = \frac{1}{4}\left(x^2 + 2xC + C^2\right),\, x \in I = (-C,\infty),\, C \in \mathbf{R}. \blacksquare$$

Zur Lösung eines Anfangswertproblems

$$y'(x) = g(x)h(y(x)),$$
$$y(x_0) = y_0$$

gibt es prinzipiell zwei Vorgehensweisen:

- Man bestimmt zuerst die allgemeine Lösung und passt dann die in der allgemeinen Lösung vorkommende Konstante C an die Anfangsbedingung $y(x_0) = y_0$ an.
- Man berücksichtigt die Anfangswerte sofort, das führt auf folgende Integrationsaufgabe

$$\int_{y_0}^{y} \frac{\mathrm{d}\eta}{h(\eta)} = \int_{x_0}^{x} g(\xi)\,\mathrm{d}\xi.$$

Beispiel 2.5

Man berechne die Lösung des folgenden Anfangswertproblems $y'(x) = \frac{x^2}{y(x)}$, $y(0) = 1, y(x) \neq 0$ und gebe das maximale Definitionsintervall für die Lösung an.

Lösung: 1. Methode: Lösen des Anfangswertproblems durch Anpassen der Konstanten. Trennung der Veränderlichen führt auf

$$\int y \,\mathrm{d}y = \int x^2 \mathrm{d}x .$$

Integration ergibt

$$\frac{1}{2} y^2 = \frac{1}{3} x^3 + C \text{ und weiter } y^2 = \frac{2}{3} x^3 + \widetilde{C} .$$

Der Wertebereich links ist das Intervall $(0,\infty)$ infolge $y \neq 0$. Die Auflösung ist also möglich, wenn $\frac{2}{3} x^3 + \widetilde{C} > 0$ gilt, in diesem Fall ist

$$y(x) = \pm\sqrt{\frac{2}{3} x^3 + \widetilde{C}} .$$

Die Lösung besitzt einen positiven und einen negativen Ast. Aufgrund der Anfangsbedingung $y(0) = 1$ kommt für die Lösung des Anfangswertproblems nur der positive Ast $y(x) = +\sqrt{\frac{2}{3} x^3 + \widetilde{C}}$ in Frage. Die Anfangsbedingung führt auf $1 = y(0) = +\sqrt{\widetilde{C}}$, daraus folgt $\widetilde{C} = 1$. Die Lösung der Anfangswertaufgabe ist

$$y(x) = \sqrt{\frac{2}{3} x^3 + 1} , \quad \frac{2}{3} x^3 + 1 > 0 .$$

2. Methode: Lösen des Anfangswertproblems durch sofortige Berücksichtigung der Anfangswerte. Damit folgt

$$\int_{y_0=1}^{y} \eta \,\mathrm{d}\eta = \int_{x_0=0}^{x} \xi^2 \,\mathrm{d}\xi .$$

Integration ergibt $\left[\frac{1}{2}\eta^2\right]_1^y = \left[\frac{1}{3}\xi^3\right]_0^x$ und führt zu $y^2(x) = \frac{2}{3} x^3 + 1$. Der Wertebereich links ist das Intervall $(0,\infty)$ infolge $y \neq 0$. Dieses Intervall muss den Wertebereich der rechten Seite umfassen und führt zur Bedingung $\frac{2}{3} x^3 + 1 > 0$. Die Auflösungsbedingung ist also für $x > -\sqrt[3]{\frac{3}{2}}$ erfüllt. Die Auflösung liefert

$$y(x) = \sqrt{\frac{2}{3} x^3 + 1} . \quad \blacksquare$$

Beispiel 2.6

Man löse das Anfangswertproblem für die nichtlineare Differenzialgleichung 1. Ordnung $y'(x)=\dfrac{\cos^2 y(x)}{\cos^2 x \sin y(x)},\ x\in\left[0,\dfrac{\pi}{2}\right), y(0)=\dfrac{\pi}{3}$ mit der Methode der Trennung der Veränderlichen. Es ist zu zeigen, dass die Auflösungsbedingung erfüllt ist, wenn das y-Intervall $J=\left(0,\dfrac{\pi}{2}\right)$ zugrunde gelegt ist.

Lösung: Trennung der Veränderlichen liefert

$$\int_{\frac{\pi}{3}}^{y}\frac{\sin\eta}{\cos^2\eta}\,\mathrm{d}\eta=\int_{0}^{x}\frac{1}{\cos^2\xi}\,\mathrm{d}\xi .$$

Integration ergibt

$$\left[\frac{1}{\cos\eta}\right]_{\frac{\pi}{3}}^{y}=\left[\tan\xi\right]_0^x$$

und damit

$$\frac{1}{\cos y}-2=\tan x,\ x\in\left[0,\frac{\pi}{2}\right)\ \text{bzw.}\ \frac{1}{\cos y}=\tan x+2,\ x\in\left[0,\frac{\pi}{2}\right).$$

Der Wertebereich links ist das Intervall $(-1,\infty)$ infolge $y\in J=\left(0,\dfrac{\pi}{2}\right)$. Dieses Intervall umfasst den Wertebereich $[0,\infty)$ der rechten Seite, die Auflösungsbedingung ist also erfüllt; Auflösung liefert

$$\cos y=\frac{1}{2+\tan x};$$

zusammen mit $y\in J=\left(0,\dfrac{\pi}{2}\right)$ folgt

$$y(x)=\arccos\left(\frac{1}{2+\tan x}\right),x\in\left[0,\frac{\pi}{2}\right)$$

als die gesuchte eindeutig bestimmte Lösung des Anfangswertproblems. ■

Weitere Differenzialgleichungen, welche durch Substitutionen auf separierbare Differenzialgleichungen zurückgeführt werden können, werden in Kapitel 3 behandelt.

2.3 Lineare Differenzialgleichungen

Kommen in einer Differenzialgleichung die gesuchten Funktionen $y(x)$ und $y'(x)$ nur in der ersten Potenz vor, so liegt eine lineare Differenzialgleichung vor. Jede lineare Differenzialgleichung 1. Ordnung lässt sich somit in der Form

$$y'(x) + a(x)\,y(x) = b(x) \tag{2.5}$$

schreiben. Ist $b(x) \neq 0$, so spricht man von einer inhomogenen linearen Differenzialgleichung. Die Lösungsmethodik für lineare Differenzialgleichungen besteht aus zwei Schritten, wobei im ersten Schritt die zugehörige homogene Differenzialgleichungen zu lösen ist. Die zu (2.5) gehörige homogene Differenzialgleichung lautet

$$y'(x) + a(x)\,y(x) = 0 \tag{2.6}$$

Satz 2.4

Sind $u(x)$ und $v(x)$ beliebige Lösungen der Differenzialgleichung $y'(x) + a(x)\,y(x) = b(x)$, so ist $y_H(x) = u(x) - v(x)$ eine Lösung der zugehörigen homogenen Differenzialgleichung $y'(x) + a(x)y(x) = 0$.

Bemerkung: Alle Lösungen der homogenen Differenzialgleichung (2.6) erhält man mit der Methode der Trennung der Veränderlichen. Zwei Lösungen $u(x), v(x)$ der inhomogenen Differenzialgleichung unterscheiden sich somit um eine Funktion $y_H(x)$, welche selbst Lösung der zugehörigen homogenen Differenzialgleichung ist.

Satz 2.5

Die **allgemeine Lösung** der homogenen linearen Differenzialgleichung $y'(x) + a(x)\,y(x) = 0$ ist durch Trennung der Veränderlichen gegeben in der Form

$$y(x) = C\,\mathrm{e}^{-\int a(x)\mathrm{d}x} = C\,\mathrm{e}^{-A(x)}, C \in \mathbf{R} \text{ mit } A(x) = \mathrm{e}^{-\int a(x)\mathrm{d}x} \tag{2.7}$$

wobei C eine willkürliche reelle Konstante ist.

Bemerkung: Man nennt (2.7) die allgemeine Lösung der homogenen Differenzialgleichung (2.6), da jede andere Lösung durch Wahl der Konstanten C erhalten werden kann.

Beispiel 2.7

Man bestimme die allgemeine Lösung der homogenen, linearen Differenzialgleichung 1. Ordnung $y'(x) + 2x\,y(x) = 0$.

Lösung: Im vorliegenden Fall ist $a(x) = 2x$, mit der Methode der Trennung der Veränderlichen erhält man $\frac{\mathrm{d}y}{y} = -2x\,\mathrm{d}x$ und damit $\ln|\,y\,| = -x^2 + C$. Die allgemeine Lösung lautet somit $y(x) = C\mathrm{e}^{-\int 2x\,\mathrm{d}x} = C\mathrm{e}^{-x^2}$, $C \in \mathbf{R}$. ■

In vielen Fällen ist man nicht an allen Lösungen der Gleichung (2.6) interessiert, vielmehr sucht man eine spezielle Lösung $y(x)$, welche in einem bestimmten Punkt x_0 einen vorgegebenen Wert y_0 annimmt. Es liegt das folgende Anfangswertproblem vor:

$$y'(x) + a(x)y(x) = 0,\; y(x_0) = y_0. \tag{2.8}$$

Satz 2.6

Die eindeutig bestimmte Lösung des Anfangswertproblems

$$y'(x) + a(x)y(x) = 0,\; y(x_0) = y_0.$$

ist gegeben durch

$$y(x) = y_0\,\mathrm{e}^{-\int_{x_0}^{x} a(\xi)\mathrm{d}\xi} \tag{2.9}$$

Beispiel 2.8

Man löse das Anfangswertproblem für die Differenzialgleichung des radioaktiven Zerfalls $m'(t) = -k\,m(t), m(t_0) = m_0$. Dabei bedeutet t_0 die Anfangszeit, k die stoffspezifische Zerfallsrate und m_0 die zu Beginn der Beobachtung vorhandene radioaktive Menge.

Lösung: Mit (2.9) erhalten wir die Restmasse $m(t)$ zum Zeitpunkt $t \geq t_0$:

$$m(t) = m_0\, \mathrm{e}^{-\int_{t_0}^{t} k\,\mathrm{d}t} = m_0\, \mathrm{e}^{-k(t-t_0)}. \blacksquare$$

Als Nächstes wenden wir uns der inhomogenen linearen Differenzialgleichung $y'(x) + a(x)y(x) = b(x)$ zu. Nachdem die allgemeine Lösung $y_H(x)$ der homogenen Gleichung ermittelt wurde, besteht der zweite Lösungsschritt in der Bestimmung der Lösung $y_S(x)$ der inhomogenen Gleichung. Dazu verwendet man den Ansatz

$$y_S(x) = C(x)\, \mathrm{e}^{-\int a(x)\mathrm{d}x},$$

welcher aus der Lösung der homogenen Differenzialgleichung resultiert, indem statt der Konstanten C eine von x ab-hängige Funktion zugelassen wird. Man spricht bei diesem Schritt von der **Variation der Konstanten**.

Satz 2.7

Die **allgemeine Lösung** der inhomogenen linearen Differenzialgleichung erster Ordnung $y'(x) + a(x)y(x) = b(x)$ ist mit einer beliebigen Konstanten C gegeben durch

$$y(x) = C\,\mathrm{e}^{-A(x)} + \mathrm{e}^{-A(x)} \int b(x)\mathrm{e}^{A(x)}\mathrm{d}x,\ C \in \mathbf{R} \text{ mit } A(x) = \mathrm{e}^{\int a(x)\mathrm{d}x} \tag{2.10}$$

Diese allgemeine Lösung $y(x)$ setzt sich additiv zusammen aus einer **speziellen Lösung** $y_S(x)$ der inhomogenen Differenzialgleichung und der **allgemeinen Lösung** $y_H(x)$ der homogenen Differenzialgleichung

$$y(x) = y_H(x) + y_S(x).$$

Dabei ist

$$y_H(x) = C\,\mathrm{e}^{-\int a(x)\mathrm{d}x}, C \in \mathbf{R} \tag{2.11}$$

sowie

$$y_S(x) = \mathrm{e}^{-\int a(x)\mathrm{d}x} \int b(x)\mathrm{e}^{\int a(x)\mathrm{d}x}\mathrm{d}x \tag{2.12}$$

Bemerkung: Das Anfangswertproblem $y'(x) + a(x)y(x) = b(x),\ y(x_0) = y_0$ ist ebenfalls eindeutig lösbar und die Lösung ist gegeben durch

$$y(x)=y_0\,\mathrm{e}^{-\int\limits_{x_0}^{x}a(\xi)\mathrm{d}\xi}+\mathrm{e}^{-\int\limits_{x_0}^{x}a(\xi)\mathrm{d}\xi}\int\limits_{x_0}^{x}b(x)\,\mathrm{e}^{\int\limits_{x_0}^{x}a(\xi)\mathrm{d}\xi}\,\mathrm{d}x.$$

Beispiel 2.9

Man bestimme die allgemeine Lösung der linearen homogenen Differenzialgleichung $y'(x)+\tan x\,y(x)=0\,,x\in\left(-\frac{\pi}{2},\frac{\pi}{2}\right)$.

Lösung: Hier ist $a(x)=\tan x$; mit Trennung der Veränderlichen erhalten wir

$$\frac{\mathrm{d}y}{y}=\tan x\,\mathrm{d}x,$$

durch Integration folgt mit (2.7) die allgemeine Lösung

$$y(x)=C\,\mathrm{e}^{-\int\tan x\,\mathrm{d}x}=C\,\mathrm{e}^{-\ln(\cos x)}=\frac{C}{\cos x},C\in\mathbf{R}.\ ■$$

Beispiel 2.10

Vorgelegt sei die inhomogene lineare Differenzialgleichug 1. Ordnung $y'(x)+\cos x\,y(x)=\frac{1}{2}\sin 2x\,,x\in[0,\pi]$. Man bestimme

a) die allgemeine Lösung y_H der zugehörigen homogenen Differenzialgleichung,

b) eine spezielle Lösung y_S der inhomogenen Gleichung,

c) die allgemeine Lösung der inhomogenen Differenzialgleichung.

Lösung: a) Die allgemeine Lösung der homogenen Differernzialgleichung $y'(x)+\cos x\,y(x)=0$ erhält man durch Trennung der Veränderlichen nach (2.11)

$$y_H(x)=C\,\mathrm{e}^{-\int\cos x\,\mathrm{d}x}=C\,\mathrm{e}^{-\sin x},\ C\in\mathbf{R}.$$

b) Eine spezielle Lösung der inhomogenen Differenzialgleichung erhält man durch Variation der Konstanten gemäß (2.12)

$$y_S(x)=\mathrm{e}^{-\int a(x)\mathrm{d}x}\int b(x)\mathrm{e}^{\int a(x)\mathrm{d}x}\mathrm{d}x,$$

wobei $a(x)=\cos x$ und $b(x)=\frac{1}{2}\sin 2x$ gesetzt wird, durch partielle Integration

$$y_S(x) = \mathrm{e}^{-\int \cos \mathrm{d}x} \int \frac{1}{2} \sin 2x\, \mathrm{e}^{\int \cos x \,\mathrm{d}x} \mathrm{d}x = \mathrm{e}^{-\sin x} \int \frac{1}{2} \sin 2x\, \mathrm{e}^{\sin x} \mathrm{d}x$$
$$= \mathrm{e}^{-\sin x}\left(\sin x \mathrm{e}^{\sin x} - \mathrm{e}^{\sin x}\right) = \sin x - 1.$$

c) Die allgemeine Lösung lautet somit

$$y(x) = y_H(x) + y_S(x) = C\,\mathrm{e}^{-\sin x} + \sin x - 1, C \in \mathbf{R}. \blacksquare$$

2.4 Exakte Differenzialgleichungen

Differenzialgleichungen, welche die Form

$$\frac{\mathrm{d}}{\mathrm{d}x}\phi(x, y(x)) = 0 \tag{2.13}$$

haben oder in eine solche Gestalt gebracht werden können, sind lösbar, denn Integration der vorstehenden Gleichung ergibt die Lösung in impliziter Form $\phi(x, y(x)) = const$, welche eventuell noch nach y aufgelöst werden kann; (2.13) ist die allgemeinste für uns lösbare Differenzialgleichung erster Ordnung und es stellt sich die Frage, wie man erkennt, ob eine Differenzialgleichung in die Form (2.13) gebracht werden kann.

Satz 2.8

Eine Differenzialgleichung $P(x, y(x)) + Q(x, y(x))\frac{\mathrm{d}y}{\mathrm{d}x} = 0$ kann genau dann in der Gestalt $\frac{\mathrm{d}}{\mathrm{d}x}\phi(x, y(x)) = 0$ geschrieben werden, wenn es eine Funktion $\phi(x, y(x))$ mit den Eigenschaften

$$P(x, y) = \frac{\partial \phi(x, y)}{\partial x} \tag{2.14}$$

und

$$Q(x, y) = \frac{\partial \phi(x, y)}{\partial y} \tag{2.15}$$

gibt.

Bemerkung: Zu gegebenen Funktionen $P(x,y), Q(x,y)$ existiert eine Funktion $\phi(x, y(x))$ mit der Eigenschaft (2.14) und (2.15) genau dann, wenn gilt $\frac{\partial P(x,y)}{\partial y} = \frac{\partial Q(x,y)}{\partial x}$. Es ist dann $P(x,y)\mathrm{d}x + Q(x,y)\mathrm{d}y$ das totale Differenzial $\mathrm{d}\phi$ der Funktion ϕ und wegen $\mathrm{d}\phi = 0$ ist $\phi(x,y) = C$ mit einer beliebigen reellen Konstanten C die implizite Form der Lösung der Differenzialgleichung.

Definition 2.2

Eine Differenzialgleichung $P(x, y(x)) + Q(x, y(x))\,y'(x) = 0$ heißt **exakte Differenzialgleichung**, wenn gilt

$$\frac{\partial P(x,y)}{\partial y} = \frac{\partial Q(x,y)}{\partial x} \tag{2.16}$$

Beispiel 2.11

Welche der folgenden Differenzialgleichungen ist exakt?

a) $x + y(x) - \sin x + \left(3y^2(x) + \cos y(x) + x\right)y'(x) = 0$,

b) $3y(x) + \mathrm{e}^x + (x + \cos y(x))\,y'(x) = 0$.

Lösung: a) Mit $P(x,y) = x + y + \sin x$ sowie $Q(x,y) = 3y^2 + \cos y + x$ folgt

$$\frac{\partial P(x,y)}{\partial y} = 1 \text{ und } \frac{\partial Q(x,y)}{\partial x} = 1.$$

Wegen $\frac{\partial P(x,y)}{\partial y} = \frac{\partial Q(x,y)}{\partial x}$ ist die Differenzialgleichung exakt.

b) Mit den Bezeichnungen $P(x,y) = 3y + \mathrm{e}^x$ und $Q(x,y) = x + \cos y$ erhalten wir

$$\frac{\partial P(x,y)}{\partial y} = 3 \text{ und } \frac{\partial Q(x,y)}{\partial x} = 1.$$

Es ist $\frac{\partial P(x,y)}{\partial y} \neq \frac{\partial Q(x,y)}{\partial x}$ und die Differenzialgleichung ist nicht exakt. ■

Exakte Differenzialgleichungen können in die Form (2.13) gebracht und somit gelöst werden. Wir beschreiben nachfolgend eine Methode zur Lösung exakter Differenzialgleichungen, d. h. einen Weg zur Bestimmung von $\phi(x,y)$.

Integration exakter Differenzialgleichungen

- Überprüfung, dass die Differenzialgleichung $P(x,y)+Q(x,y)y'(x)=0$ exakt ist; d.h. gilt $\frac{\partial P(x,y)}{\partial y}=\frac{\partial Q(x,y)}{\partial x}$. Wenn die Überprüfung negativ ausfällt, können die folgenden Schritte nicht ausgeführt werden.
- Integration der Beziehung $\frac{\partial \phi}{\partial x}=P(x,y)$ ergibt $\phi(x,y)=\int P(x,y)\mathrm{d}x+h(y)$
- Integration der Beziehung $\frac{\partial \phi}{\partial y}=Q(x,y)$ ergibt $\phi(x,y)=\int Q(x,y)\mathrm{d}y+k(x)$
- Bestimmung der Funktionen $h(y)$ und $k(x)$ durch Vergleich $\int P(x,y)\mathrm{d}x+h(y)=\int Q(x,y)\mathrm{d}y+k(x)$. Die Lösung der Differenzialgleichung ist durch $\phi(x,y)=C$ in impliziter Form gegeben, wobei C eine willkürliche Konstante ist.

Beispiel 2.12

Bestimmen Sie die Lösung der nichtlinearen Differenzialgleichung erster Ordnung $3y(x)+\mathrm{e}^x+(3x+\cos y(x))y'(x)=0$.

Lösung: Mit den Bezeichnungen $P(x,y)=3y+\mathrm{e}^x$ und $Q(x,y)=3x+\cos y$ erhalten wir

$$\frac{\partial P(x,y)}{\partial y}=3 \text{ und } \frac{\partial Q(x,y)}{\partial x}=3.$$

Es ist $\frac{\partial P(x,y)}{\partial y}=\frac{\partial Q(x,y)}{\partial x}$ und die Differenzialgleichung ist exakt, somit gibt es eine Funktion $\phi(x,y)$ mit der Eigenschaft

$$\frac{\partial \phi}{\partial x}=P(x,y)=3y+\mathrm{e}^x \text{ und } \frac{\partial \phi}{\partial y}=Q(x,y)=3x+\cos y.$$

Integration ergibt

$$\phi(x,y)=3yx+\mathrm{e}^x+h(y), \text{ bzw. } \phi(x,y)=3yx+\sin y+k(x).$$

Beide Ausdrücke stellen die gleiche Funktion $\phi(x,y)$ dar; ein Vergleich liefert

$$3yx+\mathrm{e}^x+h(y)=3yx+\sin y+k(x),$$

daraus lesen wir ab

$$h(y) = \sin y \text{ und } k(x) = \mathrm{e}^x .$$

Mit einer reellen Konstanten C ist die Lösung in impliziter Form gegeben durch

$$\phi(x, y) = 3yx + \mathrm{e}^x + \sin y = C, C \in \mathbf{R}. \ ■$$

2.5 Die Methode des integrierenden Faktors

Ist die Differenzialgleichung $P(x, y(x)) + Q(x, y(x))y'(x) = 0$ nicht exakt, so versucht man, diese durch Multiplikation mit einer Funktion $M(x, y)$ in eine äquivalente exakte Differenzialgleichung zu überführen. Diese Vorgehensweise wird als **Methode des integrierenden Faktors** bezeichnet.

Definition 2.3

Multipliziert man die gegebene nicht exakte Differenzialgleichung $P(x, y(x)) + Q(x, y(x))y'(x) = 0$ mit einer Funktion $M(x, y) \neq 0$ und ist die sich hierdurch ergebende Differenzialgleichung

$$M(x, y(x))P(x, y(x)) + M(x, y(x))Q(x, y(x))y'(x) = 0$$

exakt, d. h. gilt

$$\frac{\partial}{\partial y}(M(x, y)P(x, y)) = \frac{\partial}{\partial x}(M(x, y)Q(x, y))$$

oder ausführlich

$$\frac{\partial M(x, y)}{\partial y} P(x, y) + M(x, y)\frac{\partial P(x, y)}{\partial y} = \frac{\partial M(x, y)}{\partial x} Q(x, y) + M(x, y)\frac{\partial Q(x, y)}{\partial x},$$

so heißt $M = M(x, y)$ **integrierender Faktor** oder **Eulerscher Multiplikator**.

Bemerkung: Bei der Differenzialgleichung für den Multiplikator $M(x, y)$

$$\frac{\partial M(x, y)}{\partial y} P(x, y) + M(x, y)\frac{\partial P(x, y)}{\partial y} = \frac{\partial M(x, y)}{\partial x} Q(x, y) + M(x, y)\frac{\partial Q(x, y)}{\partial x} \tag{2.17}$$

handelt es sich um eine partielle Differenzialgleichung für M, welche i.Allg. schwierig zu lösen ist. Daher versucht man es mit speziellen Ansätzen für M. Ein solcher Ansatz führt zum Ziel, wenn (2.17) in eine gewöhnliche Differenzialgleichung für die nur von einer unabhängigen Variablen abhängige Funktion M

umgeformt werden kann. Die wichtigsten Ansätze sind nachfolgend zusammengestellt.

Tabelle 2.1 Ansätze für den Eulerschen Multiplikator M

Ansatz	**Resultierende Differenzialgleichung**
$M = M(x)$	$M(x)\frac{\partial P(x,y)}{\partial y} = M'(x)Q(x,y) + M(x)\frac{\partial Q(x,y)}{\partial x}$
$M = M(y)$	$M'(y)P(x,y) + M(y)\frac{\partial P(x,y)}{\partial y} = M(y)\frac{\partial Q(x,y)}{\partial x}$
$M = M(z), z = x \pm y$	$\pm M'(x \pm y)P(x,y) + M(x \pm y)\frac{\partial P(x,y)}{\partial y}$ $= M'(x \pm y)Q(x,y) + M(x \pm y)\frac{\partial Q(x,y)}{\partial x}$
$M = M(z), z = xy$	$xM(xy)P(x,y) + M(xy)\frac{\partial P(x,y)}{\partial y}$ $= yM(xy)Q(x,y) + M(xy)\frac{\partial Q(x,y)}{\partial x}$

Die Ansätze führen unter folgenden Bedingungen zum Ziel:

Tabelle 2.2 Bedingungen für den Eulerschen Multiplikator M

Bedingung	**Multiplikator** M
$\frac{P_y - Q_x}{Q} = g(x)$ nur von x abhängig	$M = M(t), t = x$
$\frac{Q_x - P_y}{P} = g(y)$ nur von y abhängig	$M = M(t), t = y$
$\frac{P_y - Q_x}{Q \pm P} = g(x \pm y)$ nur von $x \pm y$ abhängig	$M = M(t), t = x \pm y$
$\frac{Q_x - P_y}{xP - yQ} = g(xy)$ nur von xy abhängig	$M = M(t), t = xy$

Der integrierende Faktor $M(t)$ ist Lösung der linearen Differenzialgleichung erster Ordnung $M'(t) = g(t)M(t)$ und kann durch Trennung der Veränderlichen bestimmt werden (vgl. Abschnitt 2.3).

Beispiel 2.13

Überprüfen Sie, ob $\frac{1}{2}y^2(x)+2y(x)\mathrm{e}^x+(y(x)+\mathrm{e}^x)y'(x)=0$ eine exakte Differenzialgleichung ist. Bestimmen Sie gegebenenfalls einen nur von x abhängenden Eulerschen Multiplikator M und lösen Sie dann die vorgelegte Gleichung.

Lösung: Mit $P(x,y)=\frac{1}{2}y^2+2y\mathrm{e}^x$ und $Q(x,y)=y+\mathrm{e}^x$ erhalten wir $\frac{\partial P(x,y)}{\partial y}=y+2\mathrm{e}^x$ und $\frac{\partial Q(x,y)}{\partial x}=\mathrm{e}^x$. Daraus folgt $\frac{\partial P(x,y)}{\partial y}\neq\frac{\partial Q(x,y)}{\partial x}$ und die Differenzialgleichung ist nicht exakt. Für den Multiplikator M machen wir den Ansatz $M=M(x)$. Durch Multiplikation der vorliegenden Differenzialgleichung mit $M(x)$ erhalten wir folgende Gleichung zur Bestimmung des Eulerschen Multiplikators

$$M(x)\frac{\partial P(x,y)}{\partial y}=M'(x)Q(x,y)+M(x)\frac{\partial Q(x,y)}{\partial x}.$$

Einsetzen ergibt

$$M(x)(y+2\mathrm{e}^x)=M'(x)(y+\mathrm{e}^x)+M(x)\mathrm{e}^x.$$

Daraus folgt

$$M(x)(y+\mathrm{e}^x)=M'(x)(y+\mathrm{e}^x)$$

und somit die separierbare Differenzialgleichung für $M(x)$

$$\frac{M'(x)}{M(x)}=1 \text{ bzw. } M'(x)=g(x)M(x) \text{ mit } g(x)=\frac{P_y-Q_x}{Q}=1.$$

Wir erhalten als integrierenden Faktor $M(x)=\mathrm{e}^x$. Die mit dem integrierenden Faktor multiplizierte Gleichung

$$\mathrm{e}^x\left(\frac{1}{2}y^2(x)+2y(x)\mathrm{e}^x\right)+\mathrm{e}^x\,(y(x)+\mathrm{e}^x)\,y'(x)=0$$

ist wegen der Beziehung $\frac{\partial\left[\mathrm{e}^x\left(\frac{1}{2}y^2+2y\mathrm{e}^x\right)\right]}{\partial y}=y\mathrm{e}^x+2\mathrm{e}^{2x}=\frac{\partial\left[\mathrm{e}^x\,(y+\mathrm{e}^x)\right]}{\partial x}$ eine exakte Differenzialgleichung. Für diese Gleichung existiert somit eine Funktion $\phi(x,y(x))$ mit der Eigenschaft

$$\frac{\partial \phi}{\partial x} = P(x, y) = \frac{1}{2} y^2 \mathrm{e}^x + 2y\mathrm{e}^{2x} \qquad (*)$$

und

$$\frac{\partial \phi}{\partial y} = Q(x, y) = y\mathrm{e}^x + \mathrm{e}^{2x} \qquad (**)$$

Integration von (*) bzw. (**) ergibt

$$\phi(x, y) = \frac{1}{2} y^2 \mathrm{e}^x + y\mathrm{e}^{2x} + h(y),$$

bzw.

$$\phi(x, y) = \frac{1}{2} y^2 \mathrm{e}^x + y\mathrm{e}^{2x} + k(x).$$

Beide Ausdrücke stellen die gleiche Funktion $\phi(x, y)$ dar; ein Vergleich liefert

$$\frac{1}{2} y^2 \mathrm{e}^x + y\mathrm{e}^{2x} + h(y) = \frac{1}{2} y^2 \mathrm{e}^x + y\mathrm{e}^{2x} + k(x),$$

daraus lesen wir ab

$$h(y) = k(x) = 0.$$

Mit einer reellen Konstanten C lautet die Lösung in impliziter Form

$$\phi(x, y) = \frac{1}{2} y^2 \mathrm{e}^x + y\,\mathrm{e}^{2x} = C,\ C \in \mathbf{R}.$$

Auflösen ergibt zwei explizite Lösungsfunktionen

$$y(x) = -\mathrm{e}^x \pm \sqrt{\mathrm{e}^{2x} + 2C\mathrm{e}^{-x}}, C \in \mathbf{R}.$$ ■

2.6 Anwendungen

Beispiel 2.14

In Abschnitt 1.4.2 hatten wir gezeigt, dass der zeitliche Verlauf einer Grippewelle durch folgendes Differenzialgleichungssystem beschrieben werden kann.

$$S'(t) = -aS(t)I(t),\ S(0) = S_0 > 0$$
$$I'(t) = aS(t)I(t) - hI(t),\ I(0) = I_0 > 0$$

Das System ist nicht analytisch lösbar. Um den Verlauf der Grippe zu beschreiben, ist die Kenntnis der Lösung auch nicht erforderlich. Wegen der Autonomie des Systems kann die Epidemiekurve $K:(S,I(S))$ berechnet werden. Bestimmen Sie die Epidemiekurve für die folgenden Daten $S_0 = 762$, $I_0 = 1$, $a = 0.00218$, $h = 0.872$.

Lösung: Wir schreiben das System in der Form

$$\frac{\mathrm{d}S}{dt} = -aS(t)I(t)$$

$$\frac{\mathrm{d}I}{\mathrm{d}t} = aS(t)I(t) - hI(t)$$

Division der zweiten Gleichung durch die erste ergibt eine Differenzialgleichung mit trennbaren Veränderlichen, wobei zur Abkürzung $\sigma = \frac{h}{a}$ geschrieben wird,

$$\frac{\mathrm{d}I}{\mathrm{d}S} = \frac{aSI - hI}{-aSI} = -1 + \frac{h}{a}\frac{1}{S} = -1 + \sigma\frac{1}{S}.$$

Trennung der Veränderlichen ergibt $\mathrm{d}I = \left(-1 + \sigma\frac{1}{S}\right)\mathrm{d}S$. Integration liefert $\int_{I_0}^{I}\mathrm{d}I = \int_{S_0}^{S}\left(-1 + \sigma\frac{1}{S}\right)\mathrm{d}S$, somit kann I als Funktion von S dargestellt werden, was einer Phasendarstellung entspricht.

$$I = I_0 + S_0 - S + \sigma\ln\left(\frac{S}{S_0}\right).$$

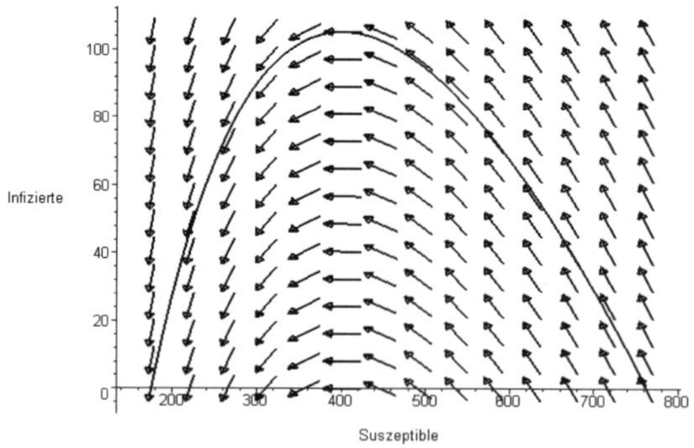

Bild 2.1 Epidemiekurve

Die Bahn $K:(S,I)$ bewegt sich entlang der durchgezogenen Kurve, wobei S und I abnehmen, falls $S_0 < \sigma$ gilt. Wenn $S_0 > \sigma$ ist, dann nimmt I zu, erreicht sein Maximum bei $S = \sigma$ und nimmt dann auf 0 ab. Die Größe $\sigma = \frac{h}{a}$ heißt **Schwellenwert** der Epidemie. Die Krankheit verschwindet rasch, wenn $S_0 \le \sigma$ ist. Gilt $S_0 > \sigma$, dann wächst sich die Krankheit zur Epidemie aus. Die Krankheit wütet mit steigender Kraft bis der Wert von S unter σ gedrückt wurde, dann klingt die Krankheitswelle ab, d. h. je größer σ ist, um so geringer ist die Epidemiegefahr. Vorbeugende Maßnahmen bestehen darin, den Wert für σ zu vergrößern, z. B. durch Impfung oder Isolierung von Infizierten. ■

Beispiel 2.15

Das Konkurrenzverhalten zweier unterschiedlicher Populationen mit den Populationsstärken u_1 und u_2 kann durch das Differenzialgleichungssystem

$$u_1'(t) = w_1\, u_1(t) - c_1\big(n_1 u_1(t) + n_2 u_2(t)\big)u_1(t)$$

$$u_2'(t) = w_2\, u_2(t) - c_2\big(n_1 u_1(t) + n_2 u_2(t)\big)u_2(t)$$

beschrieben werden. Die Größen und ihre Bedeutung sind in Tabelle 2.3 zusammengestellt.

Tabelle 2.3 Einflussgrößen beim Konkurrenzmodell

Bezeichnung	**Bedeutung**
t	Zeit, gemessen in Tagen
u_i	Anzahl der Individuen der Population i, $i = 1,2$ zur Zeit t
$w_i > 0$	Wachstumsrate der Population i, $i = 1,2$
$c_i > 0$	Konkurrenzvorteil der Population i
$n_i > 0$	Benötigte Nahrungsmenge der Population i, $i = 1,2$

Was kann man mit Hilfe der Bahnen über das Lösungsverhalten des Systems aussagen?

Lösung: Addition der mit $\frac{c_2}{u_1}$ multiplizierten ersten Gleichung zur mit $\frac{-c_1}{u_2}$ multiplizierten zweiten Gleichung führt zu

$$c_2 \underbrace{\frac{u_1'(t)}{u_1(t)}}_{\ln(u_1(t))'} - c_1 \underbrace{\frac{u_2'(t)}{u_2(t)}}_{\ln(u_2(t))'} = w_1 c_2 - w_2 c_1 .$$

Daraus folgt

$$c_2 \ln(u_1(t))' - c_1 \ln(u_2(t))' = \frac{\mathrm{d}}{\mathrm{d}t}\left[\ln\left(\frac{u_1(t)^{c_2}}{u_2(t)^{c_1}}\right)\right] = w_1 c_2 - w_2 c_1$$

Integration ergibt

$$\ln\left(\frac{u_1(t)^{c_2}}{u_2(t)^{c_1}}\right) = [w_1 c_2 - w_2 c_1]\,t + C_0,\ C_0 \in \mathbf{R}$$

und weiter

$$\frac{u_1(t)^{c_2}}{u_2(t)^{c_1}} = \mathrm{e}^{C_0}\,\mathrm{e}^{(w_1 c_2 - w_2 c_1)t} = C\mathrm{e}^{(w_1 c_2 - w_2 c_1)t} .$$

Durch Anpassen der Anfangsbedingung erhält man $C = \dfrac{(u_1(0))^{c_2}}{(u_2(0))^{c_1}}$.

Die Diskussion der Lösungskurven in der Phasenebene erfolgt durch Fallunterscheidung:

- $\dfrac{c_1}{c_2} = \dfrac{w_1}{w_2}$ nicht unterscheidbare Arten, daher biologisch irrelevant.
- $\dfrac{c_1}{c_2} \neq \dfrac{w_1}{w_2}$, etwa $\dfrac{c_1}{c_2} < \dfrac{w_1}{w_2} \Rightarrow 0 < w_1 c_2 - w_2 c_1$, es folgt

  $\lim\limits_{t\to\infty} \dfrac{u_1(t)^{c_2}}{u_2(t)^{c_1}} = \lim\limits_{t\to\infty} C\,\mathrm{e}^{(w_1 c_2 - w_2 c_1)t} = \infty$, d. h. die Population u_2 stirbt aus.

Für folgende Werte

$$u_1(0) = 1, u_2(0) = 1, w_1 = 3, w_2 = 2, n_1 = 1, n_2 = 2, c_1 = 1, c_2 = 0.5,$$

sind in Bild 2.2 Bahn und Richtungsfeld des Systems gezeichnet.

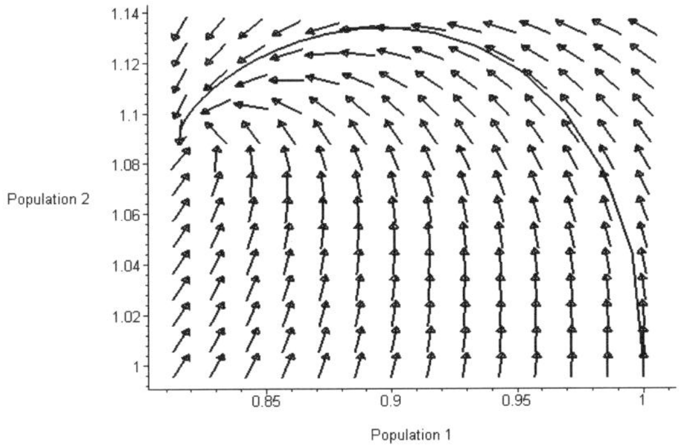

Bild 2.2 Konkurrenz ■

Beispiel 2.16

Die logistische Differenzialgleichung $u'(t) = ru(t)\left(1 - \frac{u(t)}{k}\right)$ beschreibt das zeitliche Wachstum einer Population der Stärke u, wobei r die Wachstumsrate sowie k die maximale Population (Sättigungspopulation) bezeichnet. Bestimmen Sie die Lösung und zeichnen Sie die logistische Kurve für die Parameterwerte $r = 1, k = 3$ sowie die folgenden Anfangsbedingungen $u(0) = 1, u(0) = 2, u(0) = 6$.

Lösung: Die logistische Gleichung ist eine nichtlineare Differenzialgleichung erster Ordnung mit trennbaren Veränderlichen:

$$\frac{\mathrm{d}u}{u(t)\left(1 - \frac{u(t)}{k}\right)} = r\,\mathrm{d}t.$$

Integration ergibt unter Verwendung einer Partialbruchzerlegung, wobei C die Integrationskonstanten bezeichnet

$$\int \left(\frac{1}{u} + \frac{\frac{1}{k}}{\left(1 - \frac{u}{k}\right)}\right) \mathrm{d}u = \ln u - \ln\left(1 - \frac{u}{k}\right) = \int r\,\mathrm{d}t = r\,t + C,$$

daraus folgt $\frac{u(t)}{1 - \frac{u(t)}{k}} = \mathrm{e}^C \mathrm{e}^{rt}$ und Auflösen nach der gesuchten Funktion u liefert

$$u(t) = \frac{e^C e^{rt}}{1 + \frac{e^C e^{rt}}{k}}.$$

Die Lösung mit der Anfangsbedingung $u(t_0) = u_0$ ist durch $u(t) = \frac{u_0\, k\, e^{rt}}{u_0 (e^{rt} - 1) + k}$ gegeben. In Bild 2.3 sind die logistische Kurve für $r = 1, k = 3$ und die Anfangswerte $u(0) = 1$ (untere Kurve), $u(0) = 2$ (mittlere Kurve), $u(0) = 6$ (obere Kurve) dargestellt.

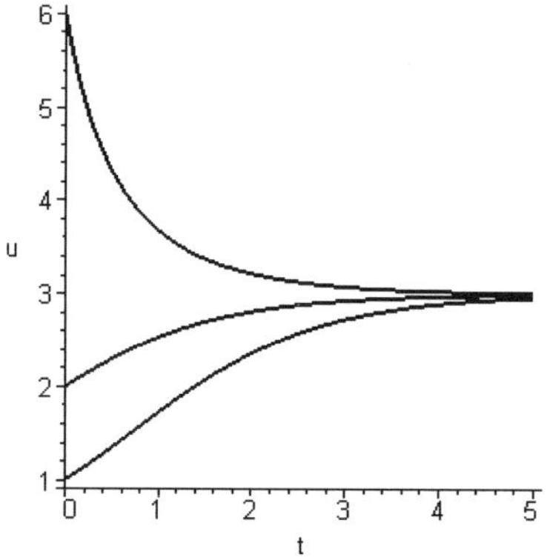

Bild 2.3 Logistische Kurven ■

Aufgaben

2.1 Man prüfe nach, ob die nichtlineare Differenzialgleichung 1. Ordnung $3x^2 y(x) + 8xy^2(x) + (x^3 + 8x^2 y(x) + 12y^2(x))y'(x) = 0, x \in \mathbf{R}$ exakt ist und gebe im Falle der Exaktheit die allgemeine Lösung in impliziter Form an.

2.2 Man prüfe nach, ob die nichtlineare Differenzialgleichung 1. Ordnung $2x \sin y(x) + e^x y^3(x) + (x^2 \cos y(x) + 3e^x y^2(x))y'(x) = 0, x \in \mathbf{R}$ exakt ist und gebe im Falle der Exaktheit die allgemeine Lösung in impliziter Form an.

2.3 Man löse die nichtlineare Differenzialgleichung 1. Ordnung $x - 1 - y(x) + x\,y'(x) = 0, x \in (0, \infty)$ mit der Methode des integrierenden Faktors. Ein integrierender Faktor kann hier als Funktion von x allein gefunden werden.

2.4 Man löse das Anfangswertproblem für den Strom $I(t)$ eines Einschaltvorgangs $LI'(t) + RI(t) = E(t), t \in [0, \infty), I(0) = 0,$ wenn die äußere Spannung $E(t) = E_0 \cos \omega t, t \in [0, \infty)$ mit der Amplitude $E_0 > 0$ und der Kreisfrequenz

$\omega > 0$ gegeben ist. Man bestimme die Lösung im Fall $E_0 = 1V, L = 30\mu\text{H}$, $R = 400\Omega, \omega = 10^7\text{s}^{-1}$.

2.5 Ein Wirtschaftsexperte vermutet für einen Vorgang ein stetiges Wachstum in Abhängigkeit von der Zeit t gemäß der Beziehung $w_1'(t) = 0.1$. Ein zweiter Experte prognostiziert Wachstum gemäß der folgenden Gleichung $w_2'(t) = 0.1 - 0.05w_2(t)$. Man berechne beide Modellkurven für die Anfangsbedingungen $w_1(0) = w_2(0) = 0$. Was erhält man für $t = 10$?

2.6 Man bestimme die allgemeine Lösung der folgenden Differenzialgleichung $y(x)\ln y(x) + xy'(xt) = 0,\ y > 0$.

2.7 Man bestimme die allgemeine Lösung der linearen Differenzialgleichung $y'(x) - y(x) = \sin x$.

2.8 Lösen Sie das Anfangswertproblem $y'(x) + 2xy(x) = x^3,\ y(1) = 1$.

2.9 Man bestimme für die Differenzialgleichung $y'(x) + xy(x) = xy^2$ einen integrierenden Faktor der Form $M(x, y) = \dfrac{m(x)}{y^2}$.

2.10 Das System

$$B'(t) = \alpha B(t) - \beta B(t)R(t), \alpha, \beta > 0$$

$$R'(t) = -\gamma\, R(t) + \delta\, B(t)R(t), \gamma, \delta > 0$$

beschreibt die Wechselwirkung zwischen einer Beutepopulation B und einer Räuberpopulation R. Was kann man mit Hilfe der Bahnen über die Veränderung der beiden Populationen im Laufe der Zeit aussagen? Untersuchen Sie das System für die Anfangswerte $B(0) = 1, R(0) = 0.6$ sowie die Parameterwerte $\alpha = 0.8, \beta = 0.6, \gamma = 0.7, \delta = 0.3$.

3 Spezielle Differenzialgleichungen erster Ordnung

In diesem Kapitel behandeln wir nichtlineare Differenzialgleichungen erster Ordnung, welche a priori nicht mit den Methoden aus Kapitel 2 gelöst werden können, aber mit Hilfe geeigneter Substitutionen in elementar integrierbare Differenzialgleichungen transformiert werden können.

3.1 Substitutionsmethoden

Häufig ist die vorgelegte Differenzialgleichung nicht separierbar und somit die Methode der Trennung der Veränderlichen nicht anwendbar. In diesen Fällen versucht man, durch geeignete Ansätze und Transformationen eine nichtlineare Differenzialgleichung in eine separierbare Gleichung zu überführen. Für dieses Vorgehen gibt es in einigen Fällen Standardsubstitutionen. Gleichungstypen mit den zugehörigen Transformationen sind in Tabelle 3.1 zusammengefasst, dabei sind die auftretenden Funktionen *f* und *g* stetig.

Tabelle 3.1 Differenzialgleichungen und Transformationen

Typ der Differenzialgleichung	Substitution und transformierte DGL
$y'(x) = f(ax + by(x) + c),\ a,b,c \in \mathbf{R}$	$w(x) = ax + by(x) + c \Rightarrow$ $w'(x) = a + bf(w(x))$
$y'(x) = f\left(\frac{y(x)}{x}\right), x \neq 0$	$w(x) = \frac{y(x)}{x} \Rightarrow w'(x) = \frac{f(w(x)) - w(x)}{x}$
$y'(x) = f\left(\frac{ax + by(x) + c}{\alpha x + \beta y(x) + \gamma}\right),$ $a,b,c,\alpha,\beta,\gamma \in \mathbf{R}, a\beta - b\alpha \neq 0$	$s = x - \frac{b\gamma - c\beta}{a\beta - b\alpha}, w(s) = y(s) - \frac{c\alpha - a\gamma}{a\beta - b\alpha}$ $\Rightarrow w'(s) = f\left(\frac{as + bw(s)}{\alpha s + \beta w(s)}\right)$
$y'(x) = \frac{y(x)}{x} + f\left(\frac{y(x)}{x}\right)g(x), x \neq 0$	$w(x) = \frac{y(x)}{x} \Rightarrow w'(x) = \frac{f(w(x))g(x)}{x}$

Beispiel 3.1

Man löse das folgende Anfangswertproblem für die nichtlineare Differenzialgleichung 1. Ordnung $y'(x) = -\frac{2x}{y(x)} + 3, x \in (0,\infty), y(1) = 3.$

Dabei wird das Lösungsgebiet $B = \{(x,y) | x \in (0,\infty), y \in (0,\infty)\}$ zugrunde gelegt.

Lösung: Offensichtlich ist diese Differenzialgleichung nicht separierbar, da die rechte Seite Summe einer von x abhängenden Funktion und einer von y abhängenden Funktion ist. Die rechte Seite der Differenzialgleichung ist vom Typ $f\left(\frac{y(x)}{x}\right)$, so dass die Substitution $w(x) = \frac{y(x)}{x}$ auf die Gleichung

$$y'(x) = x\,w'(x) + w(x)$$

führt und das vorgelegte Anfangswertproblem geht über in

$$x\,w'(x) + w(x) = -\frac{2x}{x\,w(x)} + 3,\ w(1) = 3.$$

Somit erhalten wir eine separierbare Differenzialgleichung

$$w'(x) = -\frac{1}{x}\frac{w(x)^2 - 3w(x) + 2}{w(x)}.$$

Trennung der Veränderlichen und nachfolgende Integration liefert

$$\int_3^w \frac{\omega}{\omega^2 - 3\omega + 2}\,\mathrm{d}\omega = -\int_1^x \frac{\mathrm{d}\xi}{\xi} \qquad (*)$$

Partialbruchzerlegung des Integranden auf der linken Seite ergibt

$$\frac{w}{w^2 - 3w + 2} = \frac{2}{w-2} - \frac{1}{w-1}$$

und führt zum Lösungsgebiet $B^* = \{(x,w) | x \in (0,\infty), w \in (2,\infty)\}$. Integration von (*) liefert

$$[2\ln(\omega - 2)]_3^w - [\ln(\omega - 1)]_3^w = -[\ln \xi]_1^x$$

und somit

$$\ln\frac{2(w-2)^2}{w-1} = \ln\frac{1}{x}.$$

Da der Wertebereich der Funktion $\ln\frac{2(w-2)^2}{w-1}, w \in (2,\infty)$ die ganze reelle Achse ist, umfasst er den Wertebereich der rechten Seite $\ln\frac{1}{x}, x > 0$. Daher ist Auflösen nach w erlaubt und ergibt $(w-2)^2 = \frac{w-1}{2x}$ bzw. $w^2 - \left(\frac{1}{2x}+4\right)w + 4 + \frac{1}{2x} = 0$. Aufgrund der Anfangsbedingung kommt nur die positive Wurzel in Betracht

$$w(x) = 2 + \frac{1}{4x} + \sqrt{\left(2+\frac{1}{4x}\right)^2 - 4 - \frac{1}{2x}}.$$

Zurückgehen auf den Ansatz $y(x) = x\,w(x)$ liefert schließlich die Lösung der ursprünglich gestellten Anfangswertaufgabe

$$y(x) = 2x + \frac{1}{4} + \sqrt{x^2\left[\left(2+\frac{1}{4x}\right)^2 - 4 - \frac{1}{2x}\right]} = 2x + \frac{1}{4} + \sqrt{\frac{x}{2}+\frac{1}{16}}.$$ ■

Beispiel 3.2

Lösen Sie das Anfangswertproblem $y'(x) = \frac{y(x)}{x} - \frac{x^2}{y^2(x)}, \ y(1) = 1$.

Lösung: Wir setzen $f\left(\frac{y(x)}{x}\right) = \frac{y(x)}{x} - \frac{x^2}{y^2(x)}$ und erkennen, dass die vorgelegte Differenzialgleichung vom Typ $y'(x) = f\left(\frac{y(x)}{x}\right), x \neq 0$ ist. Mit der Substitution $w(x) = \frac{y(x)}{x}$ erhalten wir die folgende Differenzialgleichung für die Funktion $w(x)$:

$$w'(x) = \frac{f(w(x)) - w(x)}{x} = \frac{1}{x}\left[\frac{w(x)}{x} - \frac{x^2}{w^2(x)} - w(x)\right] = -\frac{1}{xw^2(x)},$$

das ist eine Differenzialgleichung mit trennbaren Veränderlichen. Die Anfangsbedingung lautet $w(1) = \frac{y(1)}{1} = 1$. Trennung der Veränderlichen und Integration liefert

$$\int_1^w \omega^2 \, d\omega = -\int_1^x \frac{1}{\xi} d\xi \text{ liefert } \frac{w^3}{3} - \frac{1}{3} = -\ln x$$

und wir erhalten

$$w(x) = \sqrt[3]{1 - 3\ln x}, 1 \le x < \sqrt[3]{e}.$$

Damit ergibt sich die Lösung $y(x)$ des ursprünglichen Anfangswertproblems

$y(x) = x\,w(x) = x\sqrt[3]{1 - 3\ln x}, 1 \le x < \sqrt[3]{e}$. ■

Es wird nun eine lineare Differenzialgleichung betrachtet. Diese Beispiel zeigt, dass eine spezielle Lösung einer inhomogenen linearen Differenzialgleichung erster Ordnung auch mit Hilfe eines speziellen Ansatzes gewonnen werden kann. Ist man lediglich an einer speziellen Lösung interessiert, so ist dieses Vorgehen in speziellen Fällen der Methode der Variation der Konstanten vorzuziehen.

Beispiel 3.3

Man löse das Anfangswertproblem $xy'(x) - y(x) = x^3 + 1,\ 0 < x,\ y(2) = 5$, indem man für eine spezielle Lösung $y_S(x)$ den folgenden Polynomansatz $y_S(x) = ax^3 + bx^2 + cx + d$ macht.

Lösung: Die allgemeine Lösung der homogenen Gleichung $x\,y'(x) - y(x) = 0$ erhält man mittels der Methode der Trennung der Veränderlichen. Diese lautet $y_H(x) = Cx, C \in \mathbf{R}$. Differenzieren und Einsetzen des Polynomansatzes führt auf

$$x(3ax^2 + 2bx + c) - (ax^3 + bx^2 + cx + d) = x^3 + 1.$$

Zusammenfassen ergibt $2ax^3 + bx^2 - d = x^3 + 1$; Koeffizientenvergleich liefert $a = \frac{1}{2}, b = 0, c \in \mathbf{R}, d = -1$, d.h. $y_S(x) = \frac{1}{2}x^3 - 1$ ist eine spezielle Lösung der inhomogenen Gleichung. Die allgemeine Lösung lautet

$$y(x) = y_H(x) + y_S(x) = Cx + \frac{1}{2}x^3 - 1, C \in \mathbf{R}$$

Anpassen der Integrationskonstanten C an die Anfangsbedingung $y(2) = 5$ liefert $2C + 4 - 1 = 5$, d. h. $C = 1$. Die eindeutige Lösung des Anfangswertproblems lautet also $y(x) = x + \frac{1}{2}x^3 - 1$. ■

Bemerkung: Man wird diese Methode anwenden, wenn man eine Lösung in Polynomform sucht. Für allgemeine Fälle führt die Methode der Variation der Konstanten aus Abschnitt 2.3 zum Ziel.

Definition 3.1

Eine explizite nichtlineare Differenzialgleichung 1. Ordnung $y'(x) = f(x, y(x))$ heißt homogen vom Grad n, wenn gilt

$$f(\lambda x, \lambda y(x)) = \lambda^n f(x, y(x)) \tag{3.1}$$

Hinweis: Für homogene Differenzialgleichungen vom Grad 0 oder 1 überführt der Ansatz $y(x) = x\,v(x)$ die betreffende Differenzialgleichung in eine Gleichung mit trennbaren Veränderlichen für die Funktion $v(x)$.

Beispiel 3.4

Zeigen Sie, dass $y'(x) = \dfrac{y(x)^3 - 2x^3}{xy(x)^2}$ eine homogene Differenzialgleichung ist und bestimmen Sie deren Lösung für $x > 0$.

Lösung: Wegen

$$f(\lambda x, \lambda y) = \frac{(\lambda y)^3 - 2(\lambda x)^3}{(\lambda x)(\lambda y)^2} = \frac{\lambda^3 y^3 - 2\lambda^3 x^3}{\lambda^3 xy^2} = \frac{y^3 - 2x^3}{xy^2} = \lambda^0 f(x, y)$$

ist die vorliegende Differenzialgleichung homogen vom Grad 0. Der Ansatz $y(x) = x\,v(x)$ ergibt $y'(x) = v(x) + x\,v'(x)$ und führt auf

$$v(x) + xv'(x) = \frac{(x\,v(x))^3 - 2x^3}{x\,(xv(x))^2} = \frac{v(x)^3 - 2}{v(x)^2}.$$

Das ist eine Differenzialgleichung mit trennbaren Variablen

$$\frac{\mathrm{d}v}{\mathrm{d}x} = \frac{1}{x}\left[\frac{v(x)^3 - 2}{v(x)^2} - v(x)\right].$$

Trennung der Veränderlichen $-\frac{1}{2}v(x)^2\,\mathrm{d}v = \frac{1}{x}\mathrm{d}x$ und anschließende Integration führt auf $-\frac{1}{6}v(x)^3 = \ln x + C_1, C_1 \in \boldsymbol{R}$. Durch Rücksubstitution von $\frac{y(x)}{x} = v(x)$ erhalten wir $-\frac{y^3}{6x^3} = \ln x + C_1$ und damit $y(x) = x\sqrt[3]{-6\ln x + C}$. ■

3.2 Gruppierung

Durch geschicktes Zusammenfassen und Gruppieren können manche Differenzialgleichungen gelöst werden. Durch Verwendung von Differenzialen dx, dy (vgl. Dobner/Engelmann [3]) und geeignetes Zusammenfassen erhält man vielfach die Entwicklung eines der in Tabelle 3.2 aufgeführten Differenzials. Die so entstandene Gleichung lässt sich dann einfach integrieren.

Tabelle 3.2 Entwicklung von Differenzialen

Differenzial	**Entwicklung**
$\mathrm{d}\left(x^2+y^2\right)$	$2x\,\mathrm{d}x+2y\,\mathrm{d}y$
$\mathrm{d}(x\,y)$	$x\,\mathrm{d}x+y\,\mathrm{d}y$
$\mathrm{d}\left(\frac{x}{y}\right)$	$\frac{y\,\mathrm{d}x-x\,\mathrm{d}y}{y^2}$

Beispiel 3.5

Man bestimme die allgemeine Lösung der Differenzialgleichung $3x^2y(x)+\left(y(x)^4-x^3\right)y'(x)=0$. Wie lautet die Lösung zum Anfangswert $y(1)=2$?

Lösung: Die Verwendung von $y'(x)=\frac{\mathrm{d}y}{\mathrm{d}x}$ liefert $3x^2y(x)+\left(y(x)^4-x^3\right)\frac{\mathrm{d}y}{\mathrm{d}x}=0$ und führt zu der Differenzialschreibweise

$$3x^2y\mathrm{d}x+\left(y^4-x^3\right)\mathrm{d}\,y=0.$$

Zusammenfassen der Differenziale ergibt

$$\left(3x^2y\mathrm{d}x-x^3\mathrm{d}y\right)+y^4\,\mathrm{d}\,y=0 \text{ bzw. } y\,\mathrm{d}\left(x^3\right)-x^3\mathrm{d}y+y^4\,\mathrm{d}\,y=0.$$

Division durch $y^2\neq 0$ führt auf $\mathrm{d}\left(\frac{x^3}{y}\right)+y^2\,\mathrm{d}\,y=0$.

Anschließende Integration dieser Gleichung ergibt mit einer reellen Integrationskonstanten C

$$\frac{x^3}{y(x)}+\frac{y^3(x)}{3}=C \text{ oder } y^4(x)=3C\,y(x)-3x^3.$$

Einsetzen des Anfangswertes $y(1)=2$ liefert $\frac{1}{2}+\frac{8}{3}=\frac{19}{6}=C$ und damit die Lösung der Anfangswertaufgabe in impliziter Form $y^4(x)=\frac{19}{2}y(x)-3x^3$. ■

Beispiel 3.6

Man bestimme die allgemeine Lösung der folgenden Differenzialgleichung $y'(x)=\frac{x-2y(x)}{2x-y(x)}$.

Lösung: Wir schreiben $y'(x)=\frac{\mathrm{d}y}{\mathrm{d}x}$ und erhalten

$$\frac{\mathrm{d}y}{\mathrm{d}x}=\frac{x-2y}{2x-y}.$$

Weiter folgt $(2x-y)\mathrm{d}y=(x-2y)\mathrm{d}x$. Ausmultiplizieren und Gruppieren führt auf

$$y\,\mathrm{d}y+x\,\mathrm{d}x=2(x\,\mathrm{d}y+y\,\mathrm{d}x).$$

Für die zugehörigen unbestimmten Integrale gilt

$$\int(y\,\mathrm{d}y+x\,\mathrm{d}x)=2\int(x\,\mathrm{d}y+y\,\mathrm{d}x)+C, C\in\mathbf{R}.$$

Da $\int(x\mathrm{d}y+y\mathrm{d}x)=\int\mathrm{d}(xy)=xy$ und $\int(x\mathrm{d}x+y\mathrm{d}y)=\frac{1}{2}\mathrm{d}(x^2+y^2)$ ist, folgt

$$\frac{1}{2}y^2+\frac{1}{2}x^2=2xy+C,$$

d. h. $x^2+y^2(x)-4xy(x)=2C$ ist die allgemeine Lösung in impliziter Form. ■

3.3 Bernoullische Differenzialgleichung

Kommen wir nun zu wichtigen speziellen Differenzialgleichungen.

Definition 3.2

Eine Differenzialgleichung der Form

$$y'(x)=p(x)y(x)+q(x)[y(x)]^\alpha, \alpha\neq 1 \tag{3.2}$$

mit stetigen Funktionen $p(x), q(x), x\in I\subseteq\mathbf{R}$ heißt **Bernoullische Differenzialgleichung**.

Satz 3.1

Der Ansatz

$$y(x) = [v(x)]^{\frac{1}{1-\alpha}}, v(x) > 0, x \in I,$$

überführt die nichtlineare Bernoullische Differenzialgleichung in die lineare Differenzialgleichung erster Ordnung für die Funktion $v(x)$

$$v'(x) = (1-\alpha)[p(x)v(x) + q(x)].$$

Beispiel 3.7

Man bestimme die Lösung der Bernoullischen Differenzialgleichung $y'(x) = \frac{y(x)}{x} + \frac{x}{y(x)}, x > 0$, welche die Anfangsbedingung $y(1) = 1$ erfüllt.

Lösung: Es liegt eine Bernoullische Differenzialgleichung mit den Funktionen $p(x) = \frac{1}{x}$, $q(x) = x$ und $\alpha = -1$ vor. Der Ansatz $y(x) = [v(x)]^{\frac{1}{1-\alpha}} = \sqrt{v(x)}, x > 0$ führt gemäß Satz 3.1 auf die lineare Differenzialgleichung erster Ordnung

$$v'(x) - \frac{2}{x}v(x) = 2x, x > 0,$$

deren Lösung durch Trennung der Veränderlichen nach (2.10) gegeben ist durch

$$v(x) = \mathrm{e}^{\int \frac{2}{x}\mathrm{d}x}\left(\int 2x\,\mathrm{e}^{-\int \frac{2}{x}\mathrm{d}x}\mathrm{d}x + C\right) = \mathrm{e}^{2\ln x}(2\ln|x| + C) = x^2(2\ln|x| + C).$$

Die Anfangsbedingung für $v(x)$ lautet $v(1) = 1$ und liefert $C = 1$. Damit erhalten wir $v(x) = x^2(2\ln x + 1)$. Die für den Ansatz geforderte Bedingung $v(x) > 0$ ist nur für $\ln x > -\frac{1}{2}$ erfüllt. Daher ist das Anfangswertproblem $y'(x) = \frac{y(x)}{x} + \frac{x}{y(x)}, x > 0, y(1) = 1$ einzuschränken auf x-Werte mit $x > \frac{1}{\sqrt{\mathrm{e}}}$. Da der Anfangswert diese Bedingung erfüllt lautet die Lösung

$$y(x) = \sqrt{v(x)} = x\sqrt{1 + 2\ln x}, x \geq 1. \quad \blacksquare$$

3.4 Riccatische Differenzialgleichung

Definition 3.3

Eine Differenzialgleichung der Form

$$y'(x) = b(x) + p(x)y(x) + q(x)y^2(x) \tag{3.3}$$

mit stetigen Koeffizientenfunktionen $b(x), p(x), q(x),\ x \in I \subseteq \mathbf{R}$ heißt **Riccatische Differenzialgleichung**.

Satz 3.2

Der Ansatz

$$y(x) = -\frac{1}{q(x)}\frac{v'(x)}{v(x)}, q(x) \neq 0\ v(x) \neq 0, x \in I,$$

überführt die nichtlineare Riccatische Differenzialgleichung in die lineare homogene Differenzialgleichung zweiter Ordnung für die Funktion $v(x)$

$$v''(x) - \left[p(x) + \frac{q'(x)}{q(x)}\right]v'(x) + b(x)\,q(x)\,v(x) = 0.$$

Bemerkung: Ist eine partikuläre Lösung $y_1(x)$ der Riccati-Differenzialgleichung bekannt, so überführt der Ansatz $y(x) = y_1(x) + \frac{1}{v(x)}$ die Riccatische Differenzialgleichung in folgende inhomogene lineare Differenzialgleichung erster Ordnung für $v(x)$: $v'(x) + [p(x) + 2y_1(x)q(x)]\,v(x) = -q(x)$.

Beispiel 3.8

Man löse das Anfangswertproblem für die Riccatische Differenzialgleichung $y'(x) = x + \frac{1}{x}y(x) + \frac{1}{x}[y(x)]^2, x \in \left[\frac{\pi}{4}, \frac{\pi}{2}\right), y\left(\frac{\pi}{4}\right) = \frac{\pi}{4}$.

Lösung: Es handelt sich um eine Riccati-Differenzialgleichung mit den Koeffizientenfunktionen $b(x) = x, p(x) = \frac{1}{x}, q(x) = \frac{1}{x}$. Der Standardansatz $y(x) = -\frac{1}{q(x)}\frac{v'(x)}{v(x)} = -x\frac{v'(x)}{v(x)}$ liefert

$$y'(x) = -\frac{xv''(x)v(x) + [v'(x)]^2}{[v(x)]^2}, x \in \left[\frac{\pi}{4}, \frac{\pi}{2}\right).$$

Eingesetzt in die Differenzialgleichung ergibt dies folgendes Anfangswertproblem für eine homogene lineare Differenzialgleichung zweiter Ordnung

$$v''(x) + v(x) = 0, x \in \left[\frac{\pi}{4}, \frac{\pi}{2}\right),$$

$$v\left(\frac{\pi}{4}\right) = 1, v'\left(\frac{\pi}{4}\right) = -1.$$

Die Formulierung der zweiten Anfangsbedingung $v'\left(\frac{\pi}{4}\right) = -1$ garantiert wegen

$$y\left(\frac{\pi}{4}\right) = -\frac{\pi}{4}\frac{v'\left(\frac{\pi}{4}\right)}{v\left(\frac{\pi}{4}\right)} = \frac{\pi}{4},$$

dass die Anfangsbedingung der Ausgangsgleichung erfüllt wird. Die eindeutig bestimmte Lösung dieses Anfangswertproblems ist

$$v(x) = \sqrt{2}\cos x, x \in \left[\frac{\pi}{4}, \frac{\pi}{2}\right),$$

Rücktransformation gemäß des Ansatzes führt auf die Lösung

$$y(x) = x\tan x, x \in \left[\frac{\pi}{4}, \frac{\pi}{2}\right),$$

des eingangs vorgelegten Anfangswertproblems. ■

Beispiel 3.9

Die Riccatische Differenzialgleichung

$$x(2x-1)y'(x) + y(x)^2 - (4x+1)y(x) + 4x = 0, x > \frac{1}{2}$$

besitzt eine Lösung der Form $y_1(x) = \alpha x + \beta, \alpha, \beta \in \mathbf{R}$. Man bestimme zunächst α, β und dann die allgemeine Lösung der Gleichung.

Lösung: Es handelt sich um eine Riccati-Differenzialgleichung mit den Koeffizientenfunktionen

$$b(x)=\frac{-4x}{x(2x-1)},\ p(x)=\frac{4x+1}{x(2x-1)},\ q(x)=\frac{-1}{x(2x-1)}.$$

Der Ansatz $y_1(x)=\alpha x+\beta$ liefert $y_1'(x)=\alpha$. Durch Einsetzen folgt weiter

$$x(2x-1)\alpha+\alpha^2x^2+2\alpha\beta x+\beta^2-(4x+1)(\alpha x+\beta)+4x=0.$$

Ausmultipliziert erhalten wir

$$\left(-2\alpha+\alpha^2\right)x^2+\left(-2\alpha+2\alpha\beta-4\beta+4\right)x+\left(\beta^2-\beta\right)x^0=0.$$

Koeffizientenvergleich liefert $\alpha=0, \beta=1$ und somit die partikuläre Lösung $y_1(x)=1$. Damit können wir den Ansatz $y(x)=y_1(x)+\frac{1}{v(x)}$ verwenden, welcher die gegebene Riccati-Gleichung in die Differenzialgleichung

$$v'(x)+\frac{4x-1}{x(2x-1)}v(x)=\frac{1}{x(2x-1)}.$$

überführt. Hier handelt es sich um eine inhomogene, lineare Differenzialgleichung erster Ordnung, deren allgemeine Lösung durch Trennung der Veränderlichen und Variation der Konstanten nach Satz 2.4 gegeben ist:

$$v(x)=C\,\mathrm{e}^{-\int\frac{4x-1}{x(2x-1)}\mathrm{d}x}+\mathrm{e}^{-\int\frac{4x-1}{x(2x-1)}\mathrm{d}x}\int\frac{1}{x(2x-1)}\mathrm{e}^{\int\frac{4x-1}{x(2x-1)}\mathrm{d}x}\,\mathrm{d}x,\ C\in\mathbf{R}.$$

Wegen

$$\int\frac{4x-1}{x(2x-1)}\,\mathrm{d}x=\ln\left[\left|x(2x-1)\right|\right],\quad \mathrm{e}^{-\ln[x(2x-1)]}=\frac{1}{x(2x-1)}$$

sowie

$$\int\frac{1}{x(2x-1)}[x(2x-1)]\,\mathrm{d}x=\int\mathrm{d}x=x$$

erhalten wir

$$v(x)=\frac{C}{x(2x-1)}+\frac{x}{x(2x-1)}=\frac{x+C}{x(2x-1)}.$$

Die allgemeine Lösung der Riccatischen Differenzialgleichung lautet somit

$$y(x)=y_1(x)+\frac{1}{v(x)}=1+\frac{x(2x-1)}{x+C}=\frac{2x^2+C}{x+C},C\in\mathbf{R}.\ \blacksquare$$

3.5 Spezielle implizite Differenzialgleichungen

Wir betrachten in diesem Abschnitt spezielle implizite Differenzialgleichungen erster Ordnung der Form $F(x, y(x), y'(x)) = 0$. Bezeichnet man y' mit p und betrachtet man p als Parameter, so können Lösungsdarstellungen in der Form $(x(p), y(p))$ (**Parameterform** einer Lösung) gewonnen werden. Da ein Punkt (x, y, p) mit der Eigenschaft $F(x, y, p) = 0$ ein **Linienelement** der Differenzialgleichung charakterisiert, spricht man bei eindeutiger Auflösbarkeit der impliziten Gleichung $F(x, y, p) = 0$ nach p von einem regulären Linienelement – die Auflösungsbedingung lautet $\frac{\partial F(x, y, p)}{\partial p} \neq 0$ (vgl. Satz über implizite Funktionen in Dobner/Engelmann [3]) – bzw. von einem singulären Linienelement im Fall $\frac{\partial F(x, y, p)}{\partial p} = 0$. Bei singulären Linienelementen können zu einem Punkt (x, y) (Trägerpunkt) mehrere Steigungen $p_1, p_2, \ldots$ gehören, welche die Gleichung $F(x, y, p) = 0$ erfüllen, daher können mehrere Lösungskurven durch einen solchen Punkt gehen.

3.5.1 Die Clairautsche Differenzialgleichung

Wir untersuchen Lösungsansätze für implizite Differenzialgleichungen erster Ordnung $F(x, y(x), y'(x)) = 0$. Dabei beschreiben wir die Lösungskurven mit $y' = p$ als Kurvenparameter, d. h. wir betrachten Paare $(x(p), y(p))$.

Definition 3.4

Eine Differenzialgleichung der Form

$$G(x\,y'(x) - y(x), y'(x)) = 0 \tag{3.4}$$

mit einer stetigen Funktion G bezeichnet man als **Clairautsche Differenzialgleichung**.

Bemerkung: Geraden $y(x) = mx + b$ mit Steigung m und y-Achsenabschnitt b sind eine zweiparametrische Kurvenschar. Ist b eine Funktion mit der Steigung m, d. h. $b = f(m)$, so erhält man eine einparametrische Geradenschar

$$y(x) = mx + f(m) \tag{3.5}$$

Umgekehrt erhält man durch Differenzieren von (3.5) $y'(x) = m$ und durch Einsetzen in (3.5) folgende spezielle Clairautsche Differenzialgleichung

$$y(x) = y'(x)x + f(y'(x))$$

mit der vom Parameter m abhängenden Kurvenschar (3.5) als Lösung.

Die Clairautsche Differenzialgleichung $G(x\,y'(x) - y(x), y'(x)) = 0$ ist von der allgemeinen Form $F(x, y(x), y'(x)) = 0$. Ist $y(x)$ eine Lösung dieser Gleichung, so löst $y(x)$ auch die Gleichung

$$\frac{\partial F(x, y(x), y'(x))}{\partial x} + \frac{\partial F(x, y(x), y'(x))}{\partial y} y'(x) + \frac{\partial F(x, y(x), y'(x))}{\partial y'} y''(x) = 0 \tag{3.6}$$

In vielen Fällen gelingt es $y'(x)$ aus (3.6) zu bestimmen. Wir wollen dies anhand des folgenden Beispiels durchführen.

Beispiel 3.10

Bestimmen Sie die allgemeine Lösung der Differenzialgleichung

$$y(x) = x\,y'(x) + f(y'(x)) \tag{3.7}$$

Lösung: Gleichung (3.7) ist eine spezielle Clairautsche Differenzialgleichung; Differenziation liefert

$$y'(x) = y'(x) + x\,y''(x) + f'(y'(x))\,y''(x),$$

und weiter

$$y''(x)(x + f'(y'(x))) = 0,$$

daraus folgt

$$y''(x) = 0 \text{ oder } x + f'(y'(x)) = 0.$$

- Falls $y''(x) = 0$ gilt, folgt $y'(x) = c$ und wegen (3.7) ist $y(x) = cx + f(c)$ die allgemeine Lösung, welche mit (3.5) korrespondiert. Dabei ist c eine beliebige reelle Konstante.
- Im Fall $x + f'(y'(x)) = 0$ erhält man

  $$x = -f'(y'(x)) \text{ bzw. } x = -f'(p),$$

  wenn $y' = p$ als Parameter verwendet wird. Weiter folgt

  $$y(x) = f(y'(x)) - y'(x)f'(y'(x)) \text{ bzw. } y = f(p) - pf'(p). \blacksquare$$

Satz 3.3

Ist die Funktion f stetig differenzierbar in einem Intervall $I \subseteq \mathbf{R}$ und gilt $f(x) \neq 0, x \in I,$ so sind die Lösungen der Clairautschen Differenzialgleichung $y(x) = x\,y'(x) + f(y'(x))$ gegeben durch die Geradenschar

$$y(x) = c\,x + f(c), x \in I$$

und die Kurve mit der Parameterdarstellung

$$\begin{pmatrix} x(p) \\ y(p) \end{pmatrix} = \begin{pmatrix} -f'(p) \\ -p\,f'(p) + f(p) \end{pmatrix}, \; p \in I.$$

Die Parameterkurve ist die Einhüllende der Geradenschar.

Bemerkung: Punkte auf der Einhüllenden sind sämtlich singulär, da durch sie stets eine Gerade der Schar und die Einhüllende gehen.

Beispiel 3.11

Bestimmen Sie die Lösung der Clairautschen Differenzialgleichung $[x\,y'(x) - y(x)]^2 - y'(x)^2 - 1 = 0$.

Lösung: Differenziation der Gleichung $[x\,y'(x) - y(x)]^2 - y'(x)^2 - 1 = 0$ liefert

$$2x(y'(x))^2 - 2\,y(x)y'(x) + [-2x\,y'(x) + 2y(x)]y'(x)$$

$$+ [2x^2 y'(x) - 2y'(x) - 2x\,y(x)]\; y''(x) = 0,$$

daraus erhält man durch Zusammenfassen

$$[x^2 y'(x) - y'(x) - x\,y(x)]\, y''(x) = 0.$$

Die Beziehung $y''(x) = 0$ hat $y'(x) = c$ zur Folge. Durch Einsetzen in die Ausgangsgleichung folgt $[xc - y]^2 - c^2 - 1 = 0,$ daraus erhalten wir mit einem beliebigen reellen Parameter c Geraden der Form (vgl. Bild 3.1)

$$y = xc \pm \sqrt{1 + c^2}.$$

Aus $x^2 y'(x) - y'(x) - x\,y(x) = 0$ folgt durch Auflösen nach $y'(x) = p$

$$p = \frac{x\,y}{x^2 - 1}.$$

Einsetzen in die Ausgangsgleichung liefert

$$\left[xp - \frac{p}{x}\left(x^2 - 1\right)\right]^2 = 1 + p^2.$$

Weiter erhält man $\left[\frac{p}{x}\right]^2 = 1 + p^2$ sowie $x^2 = \frac{p^2}{1+p^2}$. Wegen $y^2 = \frac{1}{1+p^2}$ folgt schließlich $x^2 + y(x)^2 = 1$ als Einhüllende der Geradenschar. ■

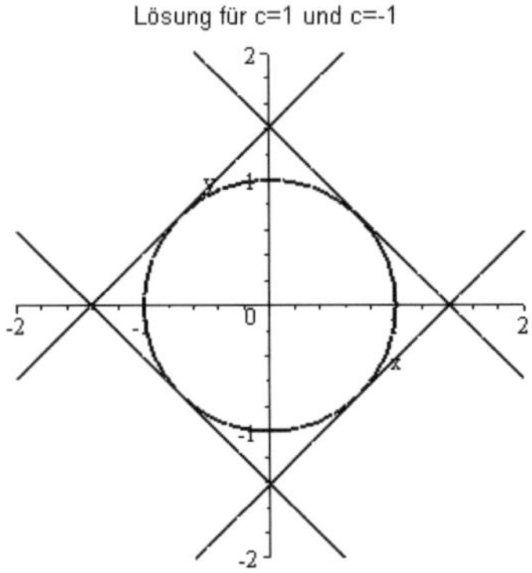

Bild 3.1 Lösung für $c = \pm 1$

Beispiel 3.12

Bestimmen Sie alle Geraden, die Tangenten an die Parabel $y = x^2$ sind.

Lösung: Ist $(\hat{x}, \hat{y})$ ein beliebiger Punkt auf der Parabel, dann lautet die Steigung in diesem Punkt $y'(\hat{x}) = 2\hat{x}$ und die zugehörige Tangente in diesem Punkt ist durch $\frac{y-\hat{y}}{x-\hat{x}} = 2\hat{x}$ gegeben. Daraus ergibt sich die Gleichung der Tangente $y - \hat{y} = 2\hat{x}x - 2\hat{x}^2$, und da $(\hat{x}, \hat{y})$ ein Punkt auf der Parabel ist: $y = 2\hat{x}x - \hat{x}^2$. Schreiben wir zur Abkürzung $m = 2\hat{x}$, so erhalten wir die Gleichung der Geraden, welche gleichzeitig Tangenten an $y = x^2$ sind, in der Parameterform $y(x) = mx - \frac{m^2}{4}, m \in \mathbf{R}$. Das ist die allgemeine Lösung der Differenzialgleichung $y(x) = y'(x)x - \frac{y'(x)^2}{4}$. Geraden, welche Tangenten an die Parabel $y = x^2$ sind, lösen also die Clairautsche Differenzialgleichung $y(x) = y'(x)x - \frac{y'(x)}{4}$. Zugleich ist $y = x^2$ auch Lösung der Differenzialgleichung (Einhüllende der Geradenschar). ■

3.5.2 Die d'Alembertsche Differenzialgleichung

Definition 3.5

Eine Differenzialgleichung der Form

$$y(x) = x\, f(y'(x)) + g(y'(x)) \tag{3.8}$$

wobei f und g stetige Funktionen sind, heißt **d'Alembertsche Differenzialgleichung**.

Setzt man wieder $y'(x) = p$ und $x = x(p), y(p) = y(x(p))$, so folgt

$$y'(p) = \frac{\mathrm{d}y}{\mathrm{d}x}\frac{\mathrm{d}x}{\mathrm{d}p} = px'(p).$$

Durch Differenzieren der parametrisierten Ausgangsgleichung

$$y(p) = x(p)f(p) + g(p)$$

erhält man

$$y'(p) = x'(p)f(p) + x(p)f'(p) + g'(p) = px'(p)$$

und damit

$$x'(p) = \frac{x(p)f'(p) + g'(p)}{p - f(p)}.$$

Dies stellt eine inhomogene lineare Differenzialgleichung für $x'(p)$ dar. Die Lösung dieser Gleichung kann nach (2.10) bestimmt werden. Damit können $x(p)$ und somit auch die Lösung $y(p) = x(p)f(p) + g(p)$ als Funktion des Parameters $p = y'(x)$ angegeben werden.

Beispiel 3.13

Bestimmen Sie die Lösung der d'Alembertschen Differenzialgleichung $y(x) = 2x + [y'(x)]^4$.

Lösung: Es handelt sich um eine d'Alembertsche Differenzialgleichung mit $f(p) = 2, g(p) = p^4$. Parametrisierung mit der ersten Ableitung $p = y'(x)$ führt auf $x'(p) = \dfrac{4p^3}{p-2}, p > 2$. Partialdivision ergibt

$$x'(p) = 4p^2 + 8p + 16 + \frac{32}{p-2}, p > 2;$$

Integration liefert schließlich

$$x(p) = 32\ln(p-2) + 16p + 4p^2 + \frac{4}{3}p^3, p > 2.$$

Damit ist die Lösung in Parameterdarstellung gegeben durch $x(p)$ und

$$y(p) = 2\left(32\ln(p-2) + 16p + 4p^2 + \frac{4}{3}p^3\right) + p^4. \quad \blacksquare$$

Aufgaben

3.1 Gegeben ist die folgende Bernoullische Differenzialgleichung
$x\,y'(x) - y(x) - 2x(y(x))^2 = 0, x > 0.$
a) Ist das Anfangswertproblem $y(0) = y_0 \neq 0$ lösbar?
b) Ist das Anfangswertproblem $y(0) = 0$ lösbar?

3.2 Lösen Sie die Riccatische Differenzialgleichung $y'(x) + xy(x) - x(y(x))^2 = 0$ für $x \in \mathbf{R}$ mit Hilfe eines entsprechenden Ansatzes.

3.3 Man bestimme die allgemeine Lösung der Differenzialgleichung
$(x^4 - 2xy^3(x))y'(x) + y^4(x) - 2x^3y(x) = 0, x > 0$ mit Hilfe der Substitution
$v(x) = \dfrac{y(x)}{x}, x > 0.$

3.4 Man löse das Anfangswertproblem für die Bernoullische Differenzialgleichung $y'(x) = \dfrac{y(x)}{x} + \dfrac{x^2}{y^2(x)}, x \in \left(e^{-\frac{1}{3}}, \infty\right), y(1) = 1.$

3.5 Bestimmen Sie die Lösung der Clairautschen Differenzialgleichung
$y(x) = x\,y'(x) - [y'(x)]^2$.

3.6 Bestimmen Sie die Lösung der Differenzialgleichung

$$x\,y'(x) + \frac{x^2}{y}y'(x) = y(x).$$

3.7 Bestimmen Sie die Lösung der d'Alembertschen Differenzialgleichung
$y(x) = [y'(x)]^2(1 + x)$.

3.8 Mit Hilfe der Substitution $u = x + y$ bestimme man die allgemeine Lösung der Differenzialgleichung $y'(x) + 1 = xe^{x+y(x)}$.

3.9 Mit Hilfe einer geeigneten Substitution löse man das Anfangswertproblem

$$y'(x) = \frac{x^2 + [y(x)]^2}{xy(y)},\ y(1) = -2.$$

3.10 Bestimmen Sie die Lösung der Differenzialgleichung

$$x(2x-1)y'(x) + [y(x)]^2 - (4x+1)y(x) + 4x = 0.$$

4 Differenzialgleichungen von höherer Ordnung

Eine gewöhnliche Differenzialgleichung höherer Ordnung lässt sich als implizite Gleichung in der Form $F\left(x, y(x), y'(x), \ldots, y^{(n)}(x)\right) = 0$ schreiben. Kann diese Gleichung nach $y^{(n)}(x)$ aufgelöst werden, erhält man die explizite Form $y^{(n)}(x) = f\left(x, y(x), y'(x), \ldots, y^{(n-1)}(x)\right)$. Die Ordnung n der höchsten darin vorkommenden Ableitung heißt die Ordnung der Differenzialgleichung; bei einer Differenzialgleichung höherer Ordnung ist also $n \geq 2$.

4.1 Kurvenscharen mit *n* Parametern

Definition 4.1

Eine Funktion $y = y(x)$ heißt für $x \in [a, b]$ **Lösung** oder **Integral** einer Differenzialgleichung, wenn die Funktion $y(x)$ und ihre Ableitungen in die Differenzialgleichung eingesetzt, diese identisch erfüllen.

Man unterscheidet drei Klassen von Lösungen:

Die **allgemeine Lösung** hängt von n unabhängig voneinander wählbaren (sogenannten **freien**) **Parametern** $C_1, C_2, ..., C_n$ ab, d.h.

$$y = y(x, C_1, C_2, ..., C_n). \tag{4.1}$$

Eine **partikuläre** oder **spezielle Lösung** ist dadurch gegeben, dass die Parameter $C_1, C_2, ..., C_n$ konkrete Zahlenwerte annehmen.

Schließlich gibt es Lösungen, die man durch keine noch so geartete Wahl der Parameter $C_1, C_2, ..., C_n$ erhalten kann; solche Lösungen heißen **singulär**.

Beispiel 4.1

Die Differenzialgleichung zweiter Ordnung $y''(x) + 2y'(x) = 0$ hat die allgemeine Lösung $y(x) = C_1 x + C_2 \mathrm{e}^{-2x}$ mit den freien Parametern C_1, C_2. Wählt man $C_1 = 2$ und $C_2 = 2$, so erhält man die spezielle Lösung $y(x) = 2x + \mathrm{e}^{-2x}$. ■

Es wird darauf hingewiesen, dass nicht jede Lösungsfunktion, die n Parameter enthält, auch die allgemeine Lösung darstellt, wie folgendes Beispiel zeigt.

Beispiel 4.2

Die Differenzialgleichung $y'' + 2y' = 0$ aus Beispiel 4.1 besitzt auch die Lösung $v(x, C_1, C_2) = (C_1 + C_2)x$ mit den Parametern C_1, C_2. Allerdings kann hierin $C_1 + C_2$ durch einen einzigen Parameter C ersetzt werden, ohne dass dabei Lösungen verloren gehen würden. Somit kann die Lösung $v(x, C_1, C_2)$ nicht die allgemeine Lösung sein. ■

Definition 4.2

Ein Funktionsausdruck $y = y(x, C_1, C_2, ..., C_n)$, in dem außer der unabhängigen Variablen x noch weitere n freie, d. h. voneinander unabhängige, Parameter $C_1, C_2, ..., C_n$ vorkommen, heisst ***n*-parametrische Funktionenschar** oder auch **Kurvenschar**, wenn der geometrische Aspekt betont werden soll.

Beispiel 4.3

Die einparametrische Kurvenschar $y(x, C) = \frac{1}{3}x^3 + C$ besteht aus allen Kurven, die man erhält, wenn man $y(x, 0) = \frac{1}{3}x^3 + 0 = \frac{1}{3}x^3$ parallel in y-Richtung verschiebt. ■

Die allgemeine Lösung einer Differenzialgleichung n-ter Ordnung ist auf Grund ihrer Definition eine n-parametrische Funktionenschar oder Kurvenschar.

Ist nun umgekehrt eine n-parametrische Funktionenschar $y = y(x, C_1, C_2, ..., C_n)$ gegeben, so kann man – vorausgesetzt $y = y(x, C_1, C_2, ..., C_n)$ ist hinreichend oft differenzierbar – durch **Eliminieren** der n Parameter $C_1, C_2, ..., C_n$ eine Differenzialgleichung gewinnen, zu der die gegebene Funktionenschar die allgemeine Lösung ist.

Das folgende Beispiel zeigt die Vorgehensweise des Eliminierens eines Parameters an einer Differenzialgleichung erster Ordnung.

Beispiel 4.4

Man bestimme eine Differenzialgleichung, welche die Funktionenschar $y(x,C)=C\,\mathrm{e}^{2x}+x^2$ als allgemeine Lösung hat.

Lösung: Aus der Gleichung $y(x,C)=C\,\mathrm{e}^{2x}+x^2$ der Funktionenschar erhält man durch Differenzieren $y'(x,C)=2C\,\mathrm{e}^{2x}+2x$, woraus folgt $C=\frac{1}{2}(y'-2x)\mathrm{e}^{-2x}$.

Setzt man nun dieses Ergebnis in die Schargleichung ein, so erhält man $y=\frac{1}{2}(y'-2x)\mathrm{e}^{-2x}\mathrm{e}^{2x}+x^2$, woraus sich weiter $y'=2y-2x^2+2x$ als zur Schar gehörige Differenzialgleichung ergibt. ■

Hat eine Schargleichung mehrere freie Parameter, etwa n, so benötigt man n Gleichungen, um die gesamten Parameter zu eliminieren, d. h. man muss n-mal differenzieren, und es entsteht eine Differenzialgleichung n-ter Ordnung. Das folgende Beispiel zeigt dieses Vorgehen bei zwei Parametern.

Beispiel 4.5

Man bestimme die Differenzialgleichung, welche die Funktionenschar $y(x,C_1,C_2)=C_1\cos 2x+C_2\sin 2x$ als allgemeine Lösung hat.

Lösung: Durch zweimaliges Differenzieren erhält man

$$y'=-2C_1\sin 2x+2C_2\cos 2x$$

$$y''=-4C_1\cos 2x-4C_2\sin 2x$$

Auflösen dieses linearen Gleichungssystems nach C_1, C_2 beispielsweise mit Hilfe der Cramerschen Regel ergibt

$$C_1=\frac{1}{8}(-4y'\sin 2x-2y''\cos 2x)$$

$$C_2=\frac{1}{8}(-2y''\sin 2x+4y'\cos 2x)$$

Setzt man dies in die ursprüngliche Schargleichung ein, so folgt

$$y=\frac{1}{8}(-4y'\sin 2x-2y''\cos 2x)\cos 2x$$
$$+\frac{1}{8}(-2y''\sin 2x+4y'\cos 2x)\sin 2x$$

Zusammengefasst

$$y = \frac{1}{8}\left(-2y'' \cos^2 2x - 2y'' \sin^2 2x\right),$$

woraus sich wegen $\cos^2 2x + \sin^2 2x = 1$

$$y''(x) - 4y(x) = 0$$

als zugehörige Differenzialgleichung ergibt. ■

Wie die Beispiele anschaulich gezeigt haben, besteht ein Zusammenhang zwischen der allgemeinen Lösung einer Differenzialgleichung und einer n-parametrischen Kurvenschar, der in den folgenden Sätzen festgehalten ist.

Satz 4.1

Die allgemeine Lösung der Differenzialgleichung n-ter Ordnung

$$F\left(x, y(x), y'(x), \ldots, y^{(n)}(x)\right) = 0 \tag{4.2}$$

ist eine Kurvenschar, die von n freien Parametern $C_1, C_2, \ldots, C_n$ abhängt:

$$y = y(x, C_1, C_2, \ldots, C_n).$$

Satz 4.2

Zu einer n-parametrischen Kurvenschar $y = y(x, C_1, C_2, \ldots, C_n)$ kann, falls die Funktion y genügend oft nach x differenzierbar ist, eine Differenzialgleichung n-ter Ordnung angegeben werden, so dass die Kurvenschar allgemeine Lösung zu dieser Differenzialgleichung ist.

Bemerkung: Ausgehend von der Kurvenschar gelangt man zur Differenzialgleichung, indem man n-mal differenziert. Dadurch erhält man nämlich ein Gleichungssystem mit $C_1, C_2, \ldots, C_n$ als Unbekannte. Die Elimination von $C_1, C_2, \ldots, C_n$ liefert die gesuchte Differenzialgleichung.

4.2 Systeme von Differenzialgleichungen

Jetzt werden Systeme von Differenzialgleichungen betrachtet, da eine enge Beziehung zwischen Systemen von Differenzialgleichungen und Differenzialgleichungen höherer Ordnung besteht.

Systeme, bei denen die einzelnen Differenzialgleichungen von erster Ordnung sind, wurden bereits in Abschnitt 1.2 angegeben.

Später, in Kapitel 7, werden dann solche Systeme behandelt, bei denen die vorkommenden Differenzialgleichungen linear sind und zudem konstante Koeffizienten haben.

Zunächst jedoch wird definiert, was man unter einem System von Differenzialgleichungen versteht.

Definition 4.3

Ein **Differenzialgleichungssystem** für m stetig differenzierbare Funktionen $y_1(x),\ y_2(x),\ \ldots, y_m(x),\ x \in I \subseteq \mathbf{R}$ hat die Gestalt

$$\begin{aligned} &F_1\left(x, y_1(x), y_1'(x), \ldots, y_2(x), y_2'(x), \ldots, y_m(x), y_m'(x), \ldots\right) = 0 \\ &F_2\left(x, y_1(x), y_1'(x), \ldots, y_2(x), y_2'(x), \ldots, y_m(x), y_m'(x), \ldots\right) = 0 \\ &\quad\vdots \qquad\qquad \vdots \\ &F_k\left(x, y_1(x), y_1'(x), \ldots, y_2(x), y_2'(x), \ldots, y_m(x), y_m'(x), \ldots\right) = 0 \end{aligned} \tag{4.3}$$

Dabei wird das folgende Lösungsgebiet betrachtet

$$B = \left\{(x, y_1, y_2, \ldots, y_m),\ x \in I \subseteq \mathbf{R},\ y_1, y_2, \ldots, y_m \in J \subseteq \mathbf{R}\right\}.$$

Dabei ist die Ordnung n_i der i-ten Gleichung die höchste in dieser Gleichung vorkommende Ableitung; die höchste überhaupt vorkommende Ableitung n heißt die **Ordnung des Systems**.

Beispiel 4.6

Man bestimme jeweils die Ordnung der einzelnen Gleichungen sowie die Gesamtordnung des folgenden Systems von Differenzialgleichungen

$$xy_1' + y_1 - y_2'' + -(x+1)y_3' + y_3 = 0$$

$$y_1' y_2' y_3' - y_3'' = x^2$$

$$y_1' + 2y_1 + y_2' + y_3' = 0$$

$$y_2' y_4'' - y_4''' = x^4 + \mathrm{e}^x$$

Lösung: In der ersten Gleichung ist y_2'' die höchste vorkommende Ableitung, also ist $n_1 = 2$; in der zweiten Gleichung ist es y_3'', also ist auch hier $n_2 = 2$; in der dritten Gleichung sind y_1', y_2', y_3' die höchsten vorkommenden Ableitungen, also ist $n_3 = 1$, in der vierten Gleichung ist y_4''' die höchste Ableitung, somit ist $n_4 = 3$. Die Ordnung des Gesamtsystems ist $n = 3$. ■

Bemerkung: Die **allgemeine Lösung** eines Systems von k gewöhnlichen Differenzialgleichungen der Ordnungen $n_1, n_2, \ldots, n_k$ hängt von $n_1 + n_2 + \ldots + n_k$ Parametern ab. Eine Möglichkeit, ein System von Differenzialgleichungen (4.3) zu lösen, besteht darin, die gesuchten unbekannten Funktionen bis auf eine zu eliminieren, so dass eine einzige Differenzialgleichung für eine einzige der gesuchten Funktionen übrig bleibt.

Beispiel 4.7

Man führe für das folgende System von Differenzialgleichungen das Eliminationverfahren durch, so dass sich eine Gleichung ergibt, in der nur eine der gesuchten Funktionen vorkommt.

$$y_1'(x) - y_2(x) = 0$$
$$y_2'(x) - (y_3(x))^2 = 0$$
$$(y_1''(x))^2 + y_2(x) + 2xy_3(x) + y_3''(x) = 0$$

Lösung: Durch Differenzieren der ersten Gleichung erhält man $y_1''(x) = y_2'(x)$, woraus auf Grund der zweiten Gleichung $y_1''(x) = (y_3(x))^2$ folgt.
Differenziation der dritten Gleichung ergibt

$$2y_1''(x)y_1'''(x) + y_2'(x) + 2y_3(x) + 2xy_3'(x) + y_3'''(x) = 0\,.$$

Somit können in dieser Differenzialgleichung die folgenden Ersetzungen vorgenommen werden

$$y_1''(x) = (y_3(x))^2,\; y_1'''(x) = 2y_3(x)y_3'(x),\; y_2'(x) = (y_3(x))^2,$$

wodurch eine Differenzialgleichung nur für $y_3(x)$ entsteht

$$2(y_3(x))^3\, y_3'(x) + (y_3(x))^2 + 2y_3(x) + 2xy_3'(x) + y_3'''(x) = 0\,.$$ ■

Meistens betrachtet man Differenzialgleichungssysteme erster Ordnung, da man Differenzialgleichungen höherer Ordnung als auch Systeme höherer Ordnung in Systeme erster Ordnung überführen kann. (Siehe Abschnitt 1.2 und Kapitel 7)

Insbesondere hat Satz 1.1 gezeigt, wie eine explizite Differenzialgleichung n-ter Ordnung in ein System von Differenzialgleichungen erster Ordnung überführt werden kann.

4.3 Erniedrigung der Ordnung

Oftmals kann man durch eine geeignete Substitution die Ordnung n einer gewöhnlichen Differenzialgleichung erniedrigen. Die neue Differenzialgleichung niedrigerer Ordnung kann dann von einfacherer Bauart sein.
Die häufigsten Typen von Differenzialgleichungen, bei denen eine Variablensubstitution die Ordnung erniedrigt, sind im Folgenden zusammen mit der jeweils empfohlenen Substitution wiedergegeben.

4.3.1 Gleichung vom Typ $F(y(x),y'(x),\ldots,y^{(n)}(x))=0$

Bei diesem Typ der Differenzialgleichung kommt x nicht explizit vor; es ist die Substitution $u(y(x))=y'(x)$ oder $u(y)=y'(x(y))$ erfolgreich. Dabei wird also u als Funktion von y aufgefasst. Es gilt dann

$$y''(x)=\frac{\mathrm{d}y'(x)}{\mathrm{d}x}=\frac{\mathrm{d}u(y(x))}{\mathrm{d}x}=\frac{\mathrm{d}u(y)}{\mathrm{d}y}\frac{\mathrm{d}y(x)}{\mathrm{d}x},$$

somit folgt $y''(x)=\frac{\mathrm{d}u}{\mathrm{d}y}\frac{\mathrm{d}y}{\mathrm{d}x}=\frac{\mathrm{d}u}{\mathrm{d}y}u$ und analoge Gleichungen ergeben sich für die höheren Ableitungen von y.

Die neue Differenzialgleichung lautet

$$G(y,u(y),u'(y),\ldots,u^{(n-1)}(y))=0,$$

sie hat die Ordnung $n-1$.

Beispiel 4.8

Man löse die Differenzialgleichung $y''(x)y(x)+(y'(x))^2=0$.

Lösung: In dieser Differenzialgleichung kommt x nicht explizit vor. Wir substituieren $u(y(x))=y'(x)$, dann ergibt sich $y''=\frac{\mathrm{d}u}{\mathrm{d}y}u$. Somit erhält man die neue Differenzialgleichung erster Ordnung

$$u'(y)u(y)y+(u(y))^2=0.$$

Mit der Methode Trennung der Variablen aus Kapitel 2 lautet die Lösung

$$u(y)=\frac{C}{y}\text{; } C \text{ freier Parameter.}$$

Um die Lösung der ursprünglichen Differenzialgleichung zu erhalten, ist jetzt noch $y'(x) = u(y(x)) = \dfrac{C}{y(x)}$ zu lösen.

Mittels Trennung der Variablen ergibt sich als Lösung $y(x) = \sqrt{C_1 x + C_2}$ mit den freien Parametern C_1 und C_2. ■

Allgemein kann man die Vorgehensweise für diesen Typ von Differenzialgleichungen wie folgt formulieren:

Satz 4.3

Eine implizite Differenzialgleichung vom Typ

$$F\left(y(x), y'(x), \ldots, y^{(n)}(x)\right) = 0 \tag{4.4}$$

und der Ordnung n führt nach der Substitution $u(y) = y'(x(y))$ auf eine neue Differenzialgleichung

$$G\left(y, u(y), u'(y), \ldots, u^{(n-1)}(y)\right) = 0$$

der Ordnung $n-1$.

Nach Lösen dieser Gleichung ist dann noch die Differenzialgleichung

$$y'(x) = u(y(x))$$

zu lösen, um die Lösung der ursprünglichen Gleichung zu erhalten.

Als interessante Anwendung wird der freie Fall unter Berücksichtigung des Luftwiderstandes behandelt.

Beispiel 4.9

Ein Körper der Masse m (beispielsweise ein Fallschirmspringer) falle in senkrechter Richtung. Zu bestimmen ist der zurückgelegte Weg $s = s(t)$ als Funktion der Zeit. Zum Zeitpunkt t_0 beginne der freie Fall, d. h. der bis dahin zurückgelegte Weg $s(t_0)$ ist 0 und die Anfangsgeschwindigkeit ist ebenfalls 0.

Lösung: Für die beim freien Fall auftretende Kraft $K = K(t)$ gilt einerseits

$$K(t) = mg - mc(\dot{s}(t))^2,$$

wobei g die Erdbeschleunigung bezeichnet, die als konstant betrachtet wird; $mc(\dot{s}(t))^2$ ist die vom Luftwiderstand herrührende Kraft, die entgegengesetzte Richtung zur Schwerkraft mg hat. Die Größe c ist ein Proportionalitätsfaktor, der von der Dichte der Luft und der Geometrie des fallenden Körpers abhängt.
Andererseits gilt

$$K(t) = m\frac{\mathrm{d}^2 s(t)}{\mathrm{d}t^2} = m\ddot{s}(t).$$

Somit folgt

$$m\ddot{s}(t) = mg - mc(\dot{s}(t))^2,$$

nach Division durch m erhält man

$$\ddot{s}(t) = g - c(\dot{s}(t))^2,$$

mit $g - c(\dot{s}(t))^2 > 0$ wegen des Fallens des Körpers.
Dies ist eine nichtlineare Differenzialgleichung zweiter Ordnung vom obengenannten Typ (4.4), bei dem die Variable t nicht explizit auftritt. Nach Anwendung der in Satz 4.3 empfohlenen Substitution $r(s) = \dot{s}(t(s))$ ergibt sich die neue Differenzialgleichung

$$r'(s)r(s) = g - c(r(s))^2,$$

die mittels Trennung der Variablen gelöst werden kann. Als Lösung erhält man

$$\frac{1}{2c}\ln(g - cr^2)s + D;\ D \text{ freier Parameter.}$$

Daraus folgt, indem man nach r auflöst

$$r(s) = \pm\sqrt{\frac{g}{c} - \frac{1}{c}\mathrm{e}^{-2cD}\mathrm{e}^{-2cs}},$$

wobei wegen des Fallens des Körpers das Minuszeichen vor der Wurzel nicht zu berücksichtigen ist.
Um die gesuchte Funktion s=$s(t)$ zu erhalten, ist jetzt noch die Gleichung

$$r(s) = \dot{s}(t) = \sqrt{\frac{g}{c} - \frac{1}{c}\mathrm{e}^{-2cD}\mathrm{e}^{-2cs}}$$

zu lösen, was wiederum mittels Trennung der Variablen geschieht; man erhält

$$\frac{1}{\sqrt{gc}}\ln\left(\frac{\sqrt{g} + \sqrt{g - \mathrm{e}^{-2cD}\mathrm{e}^{-2cs}}}{\mathrm{e}^{-2cD}\mathrm{e}^{-2cs}}\right) = t + E\ ;\ D, E \text{ sind freie Parameter.}$$

Auflösung nach s ergibt

$$s(t) = \frac{1}{c}\ln\left(\frac{2\,\mathrm{e}^{-cD}}{\sqrt{g}}\cosh\left(\sqrt{gc}\,(t+E)\right)\right)$$

$$= \frac{1}{c}\ln\left(\cosh\left(\sqrt{gc}\,(t+E)\right)\right) + \frac{1}{c}\ln\left(\frac{2\,\mathrm{e}^{-cD}}{\sqrt{g}}\right).$$

Verwendet man $F = \frac{1}{c}\ln\left(\frac{2\,\mathrm{e}^{-cD}}{\sqrt{g}}\right)$ statt des Parameters D, so lautet die Lösung

$$s(t) = \frac{1}{c}\ln\left(\cosh\left(\sqrt{gc}\,(t+E)\right)\right) + F\,,$$

wobei E und F freie Parameter sind.
Unter Berücksichtigung der Anfangsbedingungen $s(t_0) = 0,\ \dot{s}(t_0) = 0$, folgt $E{=}F{=}0$, d.h. als Lösung des Anfangswertproblems erhält man

$$s(t) = \frac{1}{c}\ln\left(\cosh\left(\sqrt{gc}\,(t-t_0)\right)\right). \ \blacksquare$$

Bemerkung: Durch Differenzieren erhält man als Geschwindigkeit $v(t)$ beim freien Fall mit Berücksichtigung des Luftwiderstandes

$$v(t) = \dot{s}(t) = \sqrt{\frac{g}{c}}\tanh\left(\sqrt{gc}\,(t-t_0)\right).$$

Mit zunehmender Zeitdauer, d. h. für $t \to \infty$ nähert sich die Geschwindigkeit immer mehr der konstanten Endgeschwindigkeit $v_{End} = \sqrt{\frac{g}{c}}$, die nur von der Dichte der Luft und der Geometrie des fallenden Körpers abhängt.

4.3.2 Gleichung vom Typ $F(x,y'(x),\ldots,y^{(n)}(x))=0$

Bei diesem Typ von Differenzialgleichung kommt $y(x)$ nicht explizit vor. Hier empfiehlt sich die Substitution $u(x)=y'(x)$. Man erhält dann die neue Gleichung

$$F\left(x,u(x),u'(x),\ldots,u^{(n-1)}(x)\right)=0,$$

deren Ordnung $n-1$ ist.

Beispiel 4.10

Man löse die Differenzialgleichung $y''(x)-\dfrac{y'(x)}{x\ln(|x|)}=0$, indem durch eine geeignete Substitution die Ordnung erniedrigt wird.

Lösung: In der Differenzialgleichung kommt $y(x)$ nicht explizit vor. Durch die folgende Substitution $u(x)=y'(x)$ erhält man die neue Differenzialgleichung $u'(x)-\dfrac{u(x)}{x\ln(|x|)}=0$, welche separierbar ist.

Die allgemeine Lösung lautet $\int\frac{1}{u}\mathrm{d}u=\int\frac{1}{x\ln(|x|)}\mathrm{d}x$, d. h. $u(x)=C\ln(|x|)$ mit freiem Parameter C.
Um die Lösung der ursprünglichen Differenzialgleichung zu erhalten, ist jetzt noch zu integrieren $y(x)=\int u(x)\mathrm{d}x=\int C\ln(|x|)\mathrm{d}x$, womit man schließlich erhält

$$y(x)=C\left(x\ln(|x|)-x\right)+D,\quad C, D \text{ freie Parameter.}$$ ■

Als Vorgehensweise für diesen Typ von Differenzialgleichung halten wir fest:

Satz 4.4

Eine Differenzialgleichung vom Typ

$$F\left(x,y'(x),y''(x),\ldots,y^{(n)}(x)\right)=0 \tag{4.5}$$

und der Ordnung n führt nach der Substitution $u(x)=y'(x)$ auf eine Differenzialgleichung der Ordnung $n-1$ für die Funktion $u(x)$:

$$F\left(x,u(x),u'(x),\ldots,u^{(n-1)}(x)\right)=0.$$

Nach Lösen dieser Gleichung erhält man durch Integration die Lösung der ursprünglichen Differenzialgleichung: $y(x)=\int u(x)\mathrm{d}x$.

Bemerkung: Falls zusammen mit $y(x)$ die ersten $k-1$ Ableitungen in der Differenzialgleichung nicht vorkommen, die Differenzialgleichung also von der Form ist

$$F\left(x, y^{(k)}(x), y^{(k+1)}(x), \ldots, y^{(n)}(x)\right) = 0$$

mit $k \geq 1$ und $k < n$, so substituiert man $u(x) = y^{(k)}(x)$, wodurch sich als neue Gleichung für die Funktion $u(x)$

$$F\left(x, u(x), u'(x), \ldots, u^{(n-k)}(x)\right) = 0$$

ergibt, welche die Ordnung $n-k$ hat.

Beispiel 4.11

Man löse durch eine geeignete Substitution die folgende Differenzialgleichung dritter Ordnung $y'''(x) - y''(x) = 0$.

Lösung: Bei dieser Differenzialgleichung kommen $y(x)$ und $y'(x)$ nicht vor. Man substituiert daher zweckmäßigerweise $u(x) = y''(x)$, wodurch sich die neue Gleichung $u'(x) - u(x) = 0$ ergibt, welche von erster Ordnung ist.

Die Lösung lautet $u(x) = C\mathrm{e}^x$; C freier Parameter. Die Lösung der ursprünglichen Differenzialgleichung ergibt sich nach zweimaliger Integration

$$y(x) = \int\left(\int C\mathrm{e}^x \,\mathrm{d}x\right)\mathrm{d}x = C\mathrm{e}^x + Dx + E,$$

mit den Parametern C, D, E. ■

4.3.3 Homogene Differenzialgleichung in $y, y', \ldots, y^{(n)}$

Bei diesem Typ von Differenzialgleichung gilt für eine natürliche Zahl k die Beziehung $F\left(x, y, y', y'', \ldots, y^{(n)}\right) = y^k F\left(x, 1, \frac{y'}{y}, \frac{y''}{y}, \ldots, \frac{y^{(n)}}{y}\right)$. Hilfreich ist in diesem Fall die Substitution $u(x) = \frac{y'(x)}{y(x)}$, womit $y''(x) = u'(x)y(x) + u(x)y'(x)$ und weiter $\frac{y''(x)}{y(x)} = u'(x) + (u(x))^2$ folgt. Setzt man dies für $y'''(x)$ und so weiter fort, so erhält man als neue Differenzialgleichung $G\left(x, u(x), u'(x), \ldots, u^{(n-1)}(x)\right) = 0$, welche die Ordnung $n-1$ hat.

Die obige Beziehung $F\left(x, y, y', y'', \ldots, y^{(n)}\right) = y^k F\left(x, 1, \frac{y'}{y}, \frac{y''}{y}, \ldots, \frac{y^{(n)}}{y}\right)$ ist von grundlegender Bedeutung und rechtfertigt daher die folgende Definition:

Definition 4.4

Gilt für eine Funktion F und eine natürliche Zahl k die Beziehung

$$F\left(\lambda y_1, \lambda y_2, \ldots, \lambda y_n\right) = \lambda^k F\left(y_1, y_2, \ldots, y_n\right), \tag{4.6}$$

so heißt F **homogen vom Grad *k*** in den Variablen $y_1, y_2, \ldots, y_n$.

Beispiel 4.12

Gegeben ist die Differenzialgleichung $F\left(x, y, y', y''\right) = y''y - 2\left(y'\right)^2 = 0$.

a) Man zeige zunächst, dass F in y, y', y'' homogen vom Grad 2 ist.

b) Durch eine geeignete Substitution erniedrige man die Ordnung.

Lösung: a) Es gilt $F\left(x, \lambda y, \lambda y', \lambda y''\right) = \lambda y'' \lambda y - 2\left(\lambda y'\right)^2 = \lambda^2\left(y''y - 2\left(y'\right)^2\right)$, also ist gemäß Definition 4.4 F in y, y', y'' homogen vom Grad 2.

b) Macht man die Substitution $u(x) = \frac{y'(x)}{y(x)}$, so folgt $\frac{y''}{y} = u' + u^2$, womit man die neue Differenzialgleichung $F\left(x, 1, \frac{y'}{y}, \frac{y''}{y}\right) = F\left(x, 1, u, u' + u^2\right) = u' - u^2 = 0$, erhält, welche separierbar und von erster Ordnung ist. ■

Für Differenzialgleichungen der Ordnung n, welche homogen in $y, y', \ldots, y^{(n)}$ sind, gilt der folgende Satz:

Satz 4.5

Eine Differenzialgleichung $F\left(x, y, y', y'', \ldots, y^{(n)}\right) = 0$ der Ordnung n, welche homogen in $y, y', \ldots, y^{(n)}$ vom Grad k ist, führt nach der Substitution $u(x) = \frac{y'(x)}{y(x)}$ auf eine neue Differenzialgleichung der Ordnung $n-1$

$$F\left(x, 1, \frac{y'}{y}, \frac{y''}{y}, \ldots, \frac{y^{(n)}}{y}\right) = F\left(x, 1, u, u' + u^2, \ldots, u^{(n-1)} + \ldots\right) = 0\,.$$

Nachdem diese Gleichung gelöst ist, erhält man die Lösung der ursprünglichen Gleichung durch $y(x) = \mathrm{e}^{\int u(x)\mathrm{d}x}$.

Beispiel 4.13

Man berechne die allgemeine Lösung der folgenden Differenzialgleichung $y''(x)y(x) - (y'(x))^2 + (y(x))^2 = 0$.

Lösung: Es ist hier $F(x, y, y', y'') = y''y - (y')^2 + y^2 = y^2 F\left(x, 1, \frac{y'}{y}, \frac{y''}{y}\right)$ homogen in y, y', y'' vom Grad 2; somit kann die Substitution $u(x) = \frac{y'(x)}{y(x)}$ von Satz 4.5 angewendet werden.

Nach Durchführen dieser Substitution lautet die neue Differenzialgleichung

$$u'(x) + (u(x))^2 - (u(x))^2 + 1 = u'(x) + 1 = 0.$$

Daraus erhält man

$$\int \mathrm{d}u = -\int \mathrm{d}x \text{, d.h. } u(x) = -x + C \text{; } C \text{ Parameter.}$$

Die Lösung $y(x)$ der ursprünglichen Differenzialgleichung erhält man aus der Beziehung

$$y(x) = \mathrm{e}^{\int u(x)\mathrm{d}x} = \mathrm{e}^{\int(-x+C)\mathrm{d}x} = \mathrm{e}^{-\frac{1}{2}x^2 + Cx + D}$$

mit C, D als freien Parametern. Somit lautet die Lösung der ursprünglichen Differenzialgleichung

$$y(x) = \mathrm{e}^{-\frac{1}{2}x^2 + Cx + D} = B\,\mathrm{e}^{-\frac{1}{2}x^2}\mathrm{e}^{Cx}, \; B, C \text{ freie Parameter mit } B > 0. \; ■$$

4.4 Lösung mittels Potenzreihenansatz

Bei diesem Verfahren nimmt man an, dass die Lösung einer Differenzialgleichung $F(x, y(x), y'(x), \ldots, y^{(n)}(x)) = 0$ n-ter Ordnung als eine Potenzreihe $y(x) = \sum_{k=0}^{\infty} a_k (x - x_0)^k$ mit Entwicklungspunkt x_0 dargestellt werden kann.

Durch Einsetzen dieses Potenzreihenansatzes mit den unbestimmten Koeffizienten $a_0, a_1, \ldots$ in die Differenzialgleichung erhält man dann durch Koeffizientenvergleich ein (unendliches) Gleichungssystem für $a_0, a_1, \ldots$

Die Lösungsreihe hängt wie auch die allgemeine Lösung von n freien Parametern ab. Der Konvergenzbereich der ermittelten Potenzreihe ist gleichzeitig ihr Definitionsbereich als Lösungsfunktion der Differenzialgleichung.

Dieses Lösungsverfahren mittels Potenzreihenansatz bietet sich vor allem für lineare Differenzialgleichungen mit nichtkonstanten Koeffizienten an, da dann lineare Gleichungen zur Berechnung der Koeffizienten $a_0, a_1, \ldots$ entstehen.

Beispiel 4.14

Man löse die Differenzialgleichung $y'(x) + xy(x) - x^2 - 1 = 0$ durch einen geeigneten Potenzreihenansatz.

Lösung: Man macht für $y(x)$ den Ansatz $y(x) = \sum_{k=0}^{\infty} a_k x^k$, d. h. man nimmt an, dass es eine Lösungsfunktion in einer Umgebung von $x_0 = 0$ gibt, die eine Darstellung als Potenzreihe zulässt.

Dann ist $y'(x) = \sum_{k=1}^{\infty} k a_k x^{k-1}$ und durch Einsetzen in die Differenzialgleichung erhält man

$$\sum_{k=1}^{\infty} k a_k x^{k-1} + x \sum_{k=0}^{\infty} a_k x^k - x^2 - 1 = 0.$$

Daraus folgt weiter

$$a_1 + \sum_{k=2}^{\infty} k a_k x^{k-1} + \sum_{k=0}^{\infty} a_k x^{k+1} - x^2 - 1 = 0$$

und durch Indexverschiebung $l = k - 1$ in der ersten Summe bzw. $l = k + 1$ in der zweiten Summe folgt

$$a_1 + \sum_{l=1}^{\infty} \left((l+1) a_{l+1} + a_{l-1} \right) x^l - x^2 - 1 = 0.$$

Durch Koeffizientenvergleich für x^0, x^1 und x^2 ergibt sich zunächst

$$a_1 = 1,\ 2a_2 + a_0 = 0,\ 3a_3 + a_1 - 1 = 0,$$

woraus weiter folgt

$$a_2 = -\frac{a_0}{2} \text{ und } a_3 = 0.$$

Für $l \geq 3$ erhält man

$$(l+1) a_{l+1} + a_{l-1} = 0.$$

Da in dieser letzten Gleichung nur Koeffizienten mit ungeraden bzw. geraden Indizes vorkommen, folgt wegen $a_3 = 0$ sofort

$$a_5 = a_7 = a_9 = \ldots = 0 \text{, d. h. } a_{2m+1} = 0 \text{ für } m = 1, 2, \ldots$$

Für die Koeffizienten mit geraden Indizes erhält man

$$2m a_{2m} + a_{2m-2} = 0 \text{ für } m = 1, 2, \ldots;$$

daraus ergibt sich als Rekursionsformel

$$a_{2m} = -\frac{1}{2m} a_{2m-2} \text{ für } m = 1, 2, \ldots$$

Berücksichtigt man, dass gilt $a_2 = -\frac{a_0}{2}$ mit a_0 als Parameter, so resultiert

$$a_4 = \frac{1}{2 \cdot 4} a_0,\ a_6 = \frac{1}{2 \cdot 4 \cdot 6} a_0,\ a_8 = \frac{1}{2 \cdot 4 \cdot 6 \cdot 8} a_0 \text{ und so weiter,}$$

d. h. allgemein gilt

$$a_{2m} = \frac{(-1)^m}{2^m m!} a_0 \text{ für } m = 1, 2, \ldots$$

Der Potenzreihenansatz ist somit erfolgreich gewesen, die Lösungsfunktion lautet

$$y(x) = x + a_0 \cdot \sum_{m=0}^{\infty} \frac{(-1)^m}{2^m m!} \cdot x^{2m} \text{ mit } a_0 = C \text{ als Parameter.}$$

Da der Konvergenzbereich der Reihe ∞ ist, hat $y(x)$ die gesamten reellen Zahlen als Definitionsbereich. Wegen $e^{-x} = \sum_{k=0}^{\infty} \frac{(-1)^k}{k!} x^k$ folgt schließlich

$$y(x) = x + C\,e^{-\frac{x^2}{2}}. \blacksquare$$

Manchmal ist es vor allem bei Anfangswertproblemen günstig, die Lösungsfunktion einer Differenzialgleichung als Taylorsche Reihe (siehe [1], [4])

$$y(x) = \sum_{k=0}^{\infty} \frac{y^{(k)}(x_0)}{k!} (x - x_0)^k$$

mit Entwicklungspunkt x_0 anzusetzen. Dies ist immer dann empfehlenswert, wenn die Werte $y'(x_0), y''(x_0), \ldots$ der Ableitungen der Lösungsfunktion bekannt sind bzw. durch fortgesetztes Differenzieren der Differenzialgleichung und Einsetzen in die differenzierte Gleichung berechnet werden können.

Falls die ursprüngliche Differenzialgleichung beliebig oft differenzierbar ist, kann auf diese Weise die Lösung des Anfangswertproblems als Taylorsche Reihe gewonnen werden.

Beispiel 4.15

Es sollen die ersten fünf Glieder der Taylorschen Reihe der Lösung von $y''(x) = e^{-x} + (y(x))^2$ mit $y(0) = 0,\ y'(0) = 1$ berechnet werden.

Lösung: Die Taylorsche Reihe von $y(x)$ in $x_0 = 0$ lautet

$$y(x) = \sum_{k=0}^{\infty} \frac{y^{(k)}(0)}{k!} (x - 0)^k = \sum_{k=0}^{\infty} \frac{y^{(k)}(0)}{k!} x^k.$$

Aus der Differenzialgleichung folgt durch Differenzieren

$y''' = -e^{-x} + 2yy'$, $y^{(4)} = e^{-x} + 2(y')^2 + 2yy''$, $y^{(5)} = -e^{-x} + 6y'y'' + 2yy'''$. Durch Einsetzen der zwei Anfangsbedingungen $y(0) = 0,\ y'(0) = 1$ erhält man daraus $y''(0) = 1,\ y'''(0) = -1,\ y^{(4)}(0) = 3$ sowie $y^{(5)}(0) = 5$. Also gilt für den Anfang der Taylorschen Reihe von $y(x)$

$$y(x) = x + \frac{1}{2!}x^2 - \frac{1}{3!}x^3 + \frac{3}{4!}x^4 + \frac{5}{5!}x^5 + \ldots \blacksquare$$

Die mit diesen Beispielen verdeutlichten Lösungsverfahren durch Potenzreihenansatz bzw. Taylorreihenansatz sind in den beiden folgenden Sätzen im Detail dargestellt.

Zunächst der Satz über den Potenzreihenansatz:

Satz 4.6

Sei $F\left(x, y(x), y'(x), \ldots, y^{(n)}(x)\right) = 0$ eine Differenzialgleichung der Ordnung n. Unter der Annahme, dass es eine Lösung $y(x)$ in einer Umgebung von x_0 gibt, die sich als Potenzreihe darstellen lässt, kann man für $y(x)$ den folgenden Ansatz machen

$$y(x) = \sum_{k=0}^{\infty} a_k (x - x_0)^k .$$

Durch Einsetzen dieses Ansatzes in die Differenzialgleichung

$$F\left(x, \sum_{k=0}^{\infty} a_k (x - x_0)^k, \sum_{k=1}^{\infty} k a_k (x - x_0)^{k-1}, \ldots, \sum_{k=n}^{\infty} \prod_{l=0}^{n-1} (k - l)\, a_k (x - x_0)^{k-n} \right) = 0 \qquad (4.7)$$

erhält man daraus ein Gleichungssystem für die Koeffizienten $a_0, a_1, \ldots$

Der Definitionsbereich der so gefundenen Lösungsfunktion stimmt mit dem Konvergenzbereich der ermittelten Potenzreihe überein.

Für Anfangswertprobleme ist oft der Ansatz als Taylorsche Reihe sinnvoll:

Satz 4.7

Sei $F\left(x, y(x), y'(x), \ldots, y^{(n)}(x)\right) = 0$ eine Differenzialgleichung der Ordnung n mit den Anfangsbedingungen $y(x_0) = y_0,\ y'(x_0) = y_0', \ldots, y^{(n-1)}(x_0) = y_0^{(n-1)}$.

Ist die Differenzialgleichung beliebig oft differenzierbar, so kann man die Lösungsfunktion in einer Umgebung von x_0 als Taylorsche Reihe ansetzen

$$y(x) = \sum_{k=0}^{\infty} \frac{y^{(k)}(x_0)}{k!} (x - x_0)^k .$$

Durch fortgesetztes Differenzieren $\frac{\mathrm{d}^l}{\mathrm{d}x^l} F\left(x, y, y', \ldots, y^{(n)}\right)$ für $l = 0, 1, 2, \ldots$ und Einsetzen der bereits bekannten Ableitungswerte $y(x_0) = y_0,\ y'(x_0) = y_0', \ldots$ in die differenzierte Differenzialgleichung

$$\frac{\mathrm{d}^l}{\mathrm{d}x^l} F\left(x, y, y', ..., y^{(n)}\right) = 0$$

kann man so nach und nach die weiteren Ableitungswerte $y^{(n)}(x_0), y^{(n+1)}(x_0), ...$ berechnen.

Bemerkung: a) Handelt es sich in Satz 4.6 um ein Anfangswertproblem mit den Werten $y(x_0) = y_0, y'(x_0) = y_0', ..., y^{(n-1)}(x_0) = y_0^{(n-1)}$, so ergibt sich natürlich als Lösung eine Reihe mit konkreten Zahlenwerten als Koeffizienten, d. h. es kommen in der Lösung keine freien Parameter vor.
b) Oftmals ist es (wie auch in Beispiel 4.15) nicht erforderlich, die vollständige Reihenentwicklung zu ermitteln, sondern lediglich die Koeffizienten a_k bis zu einem gewissen, durch die Problemstellung vorgegebenen Grad zu berechnen.

Aufgaben

4.1 Gegeben ist die Kurvenschar $y(x, C_1, C_2) = C_1 x^2 + C_2\,\mathrm{e}^{2x}$. Man bestimme eine Differenzialgleichung, so dass diese Schar die allgemeine Lösung ist.

4.2 Gegeben ist die Kurvenschar $y(x, C_1, C_2, C_3) = C_1 + C_2 \sin 2x + C_3\,\mathrm{e}^{2x}$. Berechnen Sie die spezielle Funktion der Schar, für welche die folgenden Bedingungen gelten: $y(0) = 1, y'(0) = 2, y''(0) = 3$.

4.3 Man führe für das folgende System von drei Differenzialgleichungen

$$y_1'(x) + y_2''(x) = x$$

$$y_2'''(x) - \left(y_3'(x)\right)^3 = 0$$

$$y_1'(x) y_2'(x) + \left(y_2''(x)\right)^2 - x y_3''(x) = 0$$

solange das Eliminationsverfahren durch, bis sich schließlich eine einzige Differenzialgleichung für eine der gesuchten Funktionen ergibt.

4.4 Lösen Sie die Differenzialgleichung $y''(x) - \left(y'(x)\right)^2 = 0$.

4.5 Lösen Sie die Differenzialgleichung $y''(x) = -\dfrac{\left(y'(x)\right)^2}{y(x)}$. Wie lautet die Lösung, für die gilt $y(1) = 1, y'(1) = 1$?

4.6 Man löse die Differenzialgleichung $y'''(x) + 3\left(y''(x)\right)^2 = 0$.

4.7 Gesucht ist die Lösung von $y''(x) y(x) - 2\left(y'(x)\right)^2 = 0$.

4.8 Gegeben ist die Differenzialgleichung $y'''(x)(y(x))^2 = (y'(x))^3$.

a) Man zeige, dass dies eine homogene Differenzialgleichung ist.

b) Man erniedrige durch eine geeignete Substitution die Ordnung.

4.9 Man löse $x^2 y''(x) - xy'(x) + y(x) = 1$ mittels Potenzreihenansatz.

4.10 Berechnen Sie die Glieder bis zur Ordnung 5 der Taylorschen Reihe der Lösung von $y'''(x) + y(x)y''(x) = x$ mit den Werten $y(0) = 1, y'(0) = 0$ und $y''(0) = -1$.

5 Lineare Differenzialgleichungen

In Kapitel 2 wurden bereits lineare Differenzialgleichungen erster Ordnung behandelt. Insbesondere ist die allgemeine Lösung einer solchen Differenzialgleichung additiv zusammengesetzt aus der allgemeinen Lösung der zugehörigen homogenen Differenzialgleichung und einer beliebigen (aber festen) speziellen Lösung der inhomogenen Gleichung. Die entsprechende Aussage gilt nun auch für lineare Differenzialgleichungen höherer Ordnung (siehe Abschnitt 5.3).

Zunächst aber wird in diesem Kapitel die **Differenzialoperator-Schreibweise** eingeführt und das **Überlagerungsprinzip** formuliert. Im weiteren Verlauf folgen Strukturaussagen über die Lösungen homogener linearer Differenzialgleichungen, und es wird darauf hingewiesen, wie man, ausgehend von einer Lösungsfunktion, weitere Lösungen erhält.

Danach wenden wir uns inhomogenen linearen Differenzialgleichungen zu und erläutern die Methode **Variation der Konstanten**.

Die Behandlung spezieller Differenzialgleichungen beschließt das vorliegende Kapitel.

5.1 Differenzialoperator-Schreibweise und Überlagerungsprinzip

5.1.1 Linearer Differenzialoperator

Definition 5.1

Eine Differenzialgleichung der Form

$$a_n(x)y^{(n)}(x)+a_{n-1}(x)y^{(n-1)}(x)+\ldots+a_1(x)y'(x)+a_0(x)y(x)=b(x) \qquad (5.1)$$

mit stetigen Funktionen $a_0(x), a_1(x), \ldots, a_n(x), b(x)$ auf einem Intervall heißt **lineare Differenzialgleichung** n-ter Ordnung. Dabei ist n eine natürliche Zahl.

Ist $b(x)$ die Nullfunktion, so heißt die Differenzialgleichung **homogen**, ansonsten heißt sie **inhomogen**.

Beispiel 5.1

Die Differenzialgleichung $x^2y''(x)+xy'(x)-y(x)=0$ ist linear sowie von zweiter Ordnung und homogen. Sind $y_1(x)=x$ und $y_2(x)=\frac{1}{x}$ Lösungen?

Lösung: Man stellt durch Einsetzen in die Differenzialgleichung leicht fest, dass $y_1(x) = x$ eine Lösung ist. Es ist $x^2 y_2''(x) + xy_2'(x) - y_2(x) = 2\frac{x^2}{x^3} - \frac{x}{x^2} + \frac{1}{x} = 0$, also ist auch $y_2(x) = \frac{1}{x}$ Lösung. ■

Definition 5.2

Die Vorschrift, die jeder auf einem Intervall stetig differenzierbaren Funktion $y(x)$ ihre Ableitungsfunktion $y'(x)$ zuordnet, heißt **Differenzialoperator** und wird mit D bezeichnet, d. h. $Dy(x) = y'(x)$.

Bemerkung: D^k für $k \in \mathbf{N}$ ist dann derjenige Differenzialoperator k-ter Ordnung, der jeder mehrfach stetig differenzierbaren Funktion $y(x)$ ihre k-te Ableitungsfunktion $y^{(k)}(x)$ zuordnet.

Beispiel 5.2

Man schreibe die Differenzialgleichung $x^2 y''(x) + xy'(x) - y(x) = 0$ zweiter Ordnung unter Verwendung des Differenzialoperators D.

Lösung: Man definiert einen neuen Operator L wie folgt

$L = x^2 D^2 + xD - I$, wobei I der identische Operator bedeutet.

Damit gilt dann

$$Ly(x) = (x^2 D^2 + xD - I)y(x) = x^2 D^2 y(x) + xDy(x) - Iy(x)\,. \ ■$$

Beispiel 5.2 gibt Anlass zu folgender

Definition 5.3

Es seien $a_0(x), a_1(x), \ldots, a_n(x), b(x)$ auf einem Intervall stetige Funktionen.

Dann heißt

$$L = a_n(x)D^n + a_{n-1}(x)D^{n-1} + \ldots + a_1(x)D + a_0(x)I \tag{5.2}$$

linearer Differenzialoperator n-ter Ordnung, sofern $a_n(x)$ ungleich der Nullfunktion ist.

Ist $a_n(x) \equiv 1$, so heißt L **normiert**.

Bemerkung: a) L kann durch Multiplikation mit $\frac{1}{a_n(x)}$ stets normiert werden. Allerdings können bei den neuen Koeffizienten $\frac{a_0(x)}{a_n(x)}, \ldots, \frac{a_{n-1}(x)}{a_n(x)}$ Singularitäten auftreten.

b) Gemäß Definition 5.3 kann die Differenzialgleichung (5.1) platzsparend mit Hilfe des Operators L wie folgt geschrieben werden:

$$Ly(x) = b(x) \tag{5.3}$$

Charakteristisch für lineare Differenzialgleichungen ist, dass für sie das Anfangswertproblem stets eindeutig lösbar ist.

Satz 5.1

Es sei L ein normierter linearer Differenzialoperator n-ter Ordnung und $b(x)$ eine stetige Funktion. Dann gibt es zu jedem reellen $(n+1)$-Tupel $\left(x_0, y_0, y_0', \ldots, y_0^{(n-1)}\right)$ genau eine Lösung $y(x)$ der Differenzialgleichung $Ly(x) = b(x)$ mit der Eigenschaft $y(x_0) = y_0, y'(x_0) = y_0', \ldots, y^{(n-1)}(x_0) = y_0^{(n-1)}$.

Beispiel 5.3

Es sei $L = x^2D + xD - I$. Man berechne diejenige Lösung $y_s(x)$ der Differenzialgleichung $Ly(x) = 0$, für die gilt: $y_s(1) = 1, y_s'(1) = 2$.

Lösung: Das Auffinden der Lösung vollzieht sich in zwei Schritten:
Als Erstes wird die allgemeine Lösung von $Ly(x) = 0$ berechnet, die von zwei freien Parametern C_1, C_2 abhängt. Zweitens werden an Hand der vorgelegten Anfangsbedingungen die Parameter C_1, C_2 so bestimmt, dass sich die geforderte Lösung ergibt.
Zur Berechnung der allgemeinen Lösung macht man den Ansatz $y(x) = x^\lambda$ mit einem zu bestimmenden Parameter λ, da man wegen der Bauart der Differenzialgleichung vermuten kann, dass es eine Potenzfunktion als Lösung gibt.
Einsetzen des Ansatzes in die Differenzialgleichung ergibt nun

$$Ly(x) = Lx^\lambda = \lambda(\lambda - 1)x^2x^{\lambda-2} + \lambda x x^{\lambda-1} - x^\lambda = 0,$$

woraus folgt

$$\lambda(\lambda-1)x^{\lambda}+\lambda x^{\lambda}-x^{\lambda}=(\lambda^2-1)x^{\lambda}=0.$$

Diese Gleichung ist genau dann erfüllt, wenn gilt

$$\lambda^2-1=0\text{, d. h. }\lambda=1\text{ oder }\lambda=-1\,.$$

Somit erhält man zwei Lösungsfunktionen $y_1(x)=x$ und $y_2(x)=\frac{1}{x}$.

Diese zwei Funktionen $y_1(x)=x,\quad y_2(x)=\frac{1}{x}$ bilden dabei ein sogenanntes *Fundamentalsystem*, d. h. die allgemeine Lösung ist als Linearkombination von $y_1(x)=x$ und $y_2(x)=\frac{1}{x}$ darstellbar

$$y_{\text{allg}}(x)=C_1x+C_2\frac{1}{x}\text{ mit }C_1,C_2\text{ als freien Parametern.}$$

Für die gesuchte Lösung soll gelten

$$y_{\text{s}}(1)=C_1+C_2=1$$

$$y_{\text{s}}'(1)=C_1-C_2=2\,.$$

Daraus folgt sofort $C_1=\frac{3}{2}$ und $C_2=-\frac{1}{2}$.

Also ist $y_{\text{s}}(x)=\frac{3}{2}x-\frac{1}{2x}$ diejenige Lösung, welche die Differenzialgleichung erfüllt und zusätzlich den gestellten Anfangsbedingungen $y_{\text{s}}(1)=1, y_{\text{s}}'(1)=2$ genügt. ■

5.1.2 Überlagerungsprinzip

Auf Grund der Linearitätseigenschaft eines Differenzialoperators L ergibt sich sofort die in folgendem Satz formulierte **Überlagerungseigenschaft**, auch **Superpositionsprinzip** genannt.

Satz 5.2

Es sei L ein linearer Differenzialoperator der Ordnung n. Sind $y_1(x)$ bzw. $y_2(x)$ Lösungen von $Ly(x)=b_1(x)$ bzw. $Ly(x)=b_2(x)$, so ist $cy_1(x)+dy_2(x)$ Lösung von $Ly(x)=cb_1(x)+db_2(x)$, wobei c, d beliebige reelle Zahlen sind.

Satz 5.2 gestattet den stufenweisen Aufbau der Lösung einer linearen Differenzialgleichung, indem die rechte Seite $b(x)$ in ihre linearen Bestandteile $b_1(x),\ldots,b_k(x)$ zerlegt wird: $b(x)=b_1(x)+\ldots+b_k(x)$. Man löst dann nacheinander $y(x)=b_j(x);\ j=1,\ldots,k,$ und erhält somit durch Überlagerung die Lösung der ursprünglichen Differenzialgleichung $Ly(x)=b\ (x)$.

Beispiel 5.4

Man löse die Differenzialgleichung $Ly(x)=b(x)$ mit $L=x^2D^2+xD-I$ und $b(x)=\dfrac{1}{x^2}+4$.

Lösung: Es ist $b(x)=b_1(x)+b_2(x)$ mit $b_1(x)=\dfrac{1}{x^2}$ und $b_2(x)=4$.

Aus Beispiel 5.3 ist bekannt, dass $y_0(x)=C_1x+C_2\dfrac{1}{x}$ die allgemeine Lösung von $Ly(x)=0$ ist. Nach dem Überlagerungssatz ist dann

$$y_{\text{allg}}(x)=C_1x+C_2\frac{1}{x}+y_1(x)+y_2(x)$$

die allgemeine Lösung von $Ly(x)=b(x)$, wobei $y_1(x)$ bzw. $y_2(x)$ Lösungen von $Ly(x)=b_1(x)$ bzw. $Ly(x)=b_2(x)$ sind.
Man sieht nun sofort, dass $y_2(x)=4$ eine Lösung von $Ly(x)=b_2(x)=4$ ist.
Auf Grund der Bauart von $Ly(x)=b_1(x)$ ist zu vermuten, dass es eine Lösung der Form $y_1(x)=c\dfrac{1}{x^2}$ gibt mit einem noch zu bestimmenden Parameter c.

Setzt man jetzt diesen Ansatz $y_1(x)=c\dfrac{1}{x^2}$ in die Differenzialgleichung $Ly(x)=b_1(x)=\dfrac{1}{x^2}$ ein, so erhält man $x^2c\dfrac{6}{x^4}+xc\left(-\dfrac{2}{x^3}\right)-c\dfrac{1}{x^2}=3c\dfrac{1}{x^2}=\dfrac{1}{x^2}$,

woraus $c=\dfrac{1}{3}$ folgt. Also ist $y_1(x)=\dfrac{1}{3x^2}$ eine Lösung von $Ly(x)=b_1(x)$.
Nach dem Überlagerungsprinzip ist somit

$$y_{\text{allg}}(x)=C_1x+C_2\frac{1}{x}+\frac{1}{3x^2}+4$$

mit C_1, C_2 als freien Parametern die allgemeine Lösung von $Ly(x)=b(x)$. ■

5.2 Homogene lineare Differenzialgleichung

5.2.1 Vektorraumeigenschaft der Lösungen

Die Gesamtheit der Lösungen einer homogenen linearen Differenzialgleichung $Ly(x)=0$ weist Analogien zur Gesamtheit der Lösungen eines homogenen linearen Gleichungssystems auf (vgl. [5]). Wie diese bilden auch die Lösungen einer homogenen linearen Differenzialgleichung einen Vektorraum hinsichtlich punktweiser Addition und punktweiser skalarer Multiplikation.

Satz 5.3

Es sei L ein linearer Differenzialoperator der Ordnung n.

Die Gesamtheit der Lösungen der Differenzialgleichung $Ly(x)=0$ bildet einen Vektorraum der Dimension n.

Eine unmittelbare Folgerung aus Satz 5.3 ist

Satz 5.4

Es sei L ein linearer Differenzialoperator der Ordnung n.

Dann gibt es n linear unabhängige Lösungen $y_1(x),\ldots,y_n(x)$ der homogenen Differenzialgleichung $Ly(x)=0$, so dass die allgemeine Lösung $y_{\text{hom}}(x)$ eine Linearkombination von $y_1(x),\ldots,y_n(x)$ ist:

$$y_{\text{hom}}(x)=C_1 y_1(x)+C_2 y_2(x)+\ldots+C_n y_n(x) \tag{5.4}$$

mit $C_1, C_2, \ldots, C_n$ als freien Parametern.

Lösungen, welche die in Satz 5.4 erwähnte Eigenschaft (5.4) haben, verdienen einen besonderen Namen:

Definition 5.4

Ein linear unabhängiges System $y_1(x),\ldots,y_n(x)$ von Funktionen mit der Eigenschaft, dass jede Lösungsfunktion von $Ly(x)=0$ eine Linearkombination von $y_1(x),\ldots,y_n(x)$ ist, heißt ein **Basissystem** oder **Fundamentalsystem** der homogenen linearen Differenzialgleichung $Ly(x)=0$ der Ordnung n.

Bemerkung: Ein Basis- oder Fundamentalsystem ist nicht eindeutig bestimmt. Bei der Lösung von homogenen linearen Differenzialgleichungen ist man bemüht, besonders „einfache" Basissysteme zu finden.

Damit Lösungsfunktionen ein Basissystem bilden, genügt es, dass sie linear unabhängig sind:

Satz 5.5

Es sei L ein linearer Differenzialoperator der Ordnung n. Dann gilt:

Jedes linear unabhängige System von n Lösungsfunktionen bildet ein Basissystem von $Ly(x)=0$.

Beispiel 5.5

Es sei $L = D^3 - \frac{x}{x-1}D^2 + \frac{1}{x-1}D$. Man zeige, dass die drei Funktionen $y_1(x)=1, y_2(x)=x^2, y_3(x)=\mathrm{e}^x$ ein Fundamentalsystem der Differenzialgleichung $Ly(x)=0$ bilden.

Lösung: Nach Satz 5.5 reicht es aus zu zeigen, dass es sich um Lösungen handelt und darüber hinaus ihre lineare Unabhängigkeit nachzuweisen.
Die Eigenschaft, Lösung zu sein, ist durch Einsetzen in die Differenzialgleichung leicht nachzurechnen.
Zum Nachweis der linearen Unabhängigkeit ist zu zeigen, dass die Beziehung

$$c_1y_1(x)+c_2y_2(x)+c_3y_3(x)=c_1+c_2x^2+c_3\,\mathrm{e}^x \equiv 0 \qquad (*)$$

nur für $c_1=c_2=c_3=0$ erfüllt ist. Im andern Fall wären die Funktionen linear abhängig. Da die Beziehung (*) für alle $x \in \mathbf{R}$ gilt, folgt speziell für

$$x=0: \quad c_1+c_3=0,$$

$$x=1: \quad c_1+c_2+c_3\,\mathrm{e}=0,$$

$$x=-1: \quad c_1+c_2+c_3\frac{1}{\mathrm{e}}=0.$$

Dieses lineare Gleichungssystem für c_1, c_2, c_3 hat nun aber nur $c_1=c_2=c_3=0$ als Lösung. Also bilden $y_1(x)=1, y_2(x)=x^2, y_3(x)=\mathrm{e}^x$ ein Fundamentalsystem von $\mathrm{L}y(x)=0$. ■

5.2.2 Wronski-Determinante

Nach Satz 5.5 reicht es nachzuweisen, dass n gefundene Lösungsfunktionen linear unabhängig sind, um zu wissen, dass sie ein Basissystem bilden.
Zum Nachweis der linearen Unabhängigkeit kann man sich der so genannten **Wronski-Determinante** bedienen.

Definition 5.5

Es seien $y_1(x),\ldots,y_n(x)$ n Funktionen, welche $(n-1)$-mal stetig differenzierbar sind. Die Matrix

$$V(x;y_1,y_2,\ldots,y_n)=\begin{pmatrix} y_1(x) & y_2(x) & \ldots & y_n(x)\\ y_1'(x) & y_2'(x) & \ldots & y_n'(x)\\ \vdots & \vdots & & \vdots\\ y_1^{(n-1)}(x) & y_2^{(n-1)}(x) & \ldots & y_n^{(n-1)}(x)\end{pmatrix} \tag{5.5}$$

heißt **Fundamentalmatrix** und die Determinante

$$W(x;y_1,y_2,\ldots,y_n)=\det(V)=\begin{vmatrix} y_1(x) & y_2(x) & \ldots & y_n(x)\\ y_1'(x) & y_2'(x) & \ldots & y_n'(x)\\ \vdots & \vdots & & \vdots\\ y_1^{(n-1)}(x) & y_2^{(n-1)}(x) & \ldots & y_n^{(n-1)}(x)\end{vmatrix} \tag{5.6}$$

heißt **Wronski-Determinante** der Funktionen $y_1(x),\ldots,y_n(x)$.

Mit Hilfe der *Wronski-Determinante* kann man leicht feststellen, ob ein System von n Funktionen linear unabhängig ist, denn:

Satz 5.6

Es seien $y_1(x),\ldots,y_n(x)$ $(n-1)$-mal stetig differenzierbare Funktionen.

Gibt es dann eine Stelle x_0 mit $W(x_0;y_1,y_2,\ldots,y_n)\neq 0$, so sind die Funktionen $y_1(x),\ldots,y_n(x)$ linear unabhängig.

Bemerkung: Für Lösungen $y_1(x),\ldots,y_n(x)$ einer linearen Differenzialgleichung gilt gewissermaßen auch die Umkehrung, d. h. aus $W(x_0;y_1,y_2,\ldots,y_n)=0$ an einer Stelle x_0 folgt, dass $y_1(x),\ldots,y_n(x)$ linear abhängig sind und somit kein Fundamentalsystem bilden können.

Beispiel 5.6

Für die folgende Differenzialgleichung $x^2 y'''(x) + xy''(x) - y'(x) = 0$ sind $y_1(x) = 1, y_2(x) = x^2$ und $y_3(x) = \ln x$ Lösungsfunktionen.

Man zeige, dass sie auf dem gemeinsamen Definitionsbereich $x > 0$ auch ein Basissystem bilden.

Lösung: Nach Satz 5.5 genügt der Nachweis der linearen Unabhängigkeit. Dazu wird die Wronski-Determinante berechnet:

$$W(x;1,x^2,\ln x) = \begin{vmatrix} 1 & x^2 & \ln x \\ 0 & 2x & \frac{1}{x} \\ 0 & 2 & -\frac{1}{x^2} \end{vmatrix} = -\frac{4}{x} \neq 0 \text{ für } x > 0 .$$

Somit sind $y_1(x) = 1, y_2(x) = x^2, y_3(x) = \ln x$ linear unabhängig, also bilden diese Funktionen ein Basissystem. ■

5.2.3 Produktansatz und Erniedrigung der Ordnung

Ist nun eine Lösung $y_1(x)$ der homogenen linearen Differenzialgleichung n-ter Ordnung $Ly(x) = 0$ bekannt, so erhält man mit Hilfe des **Produktansatzes** $y_2(x) = y_1(x)u(x)$ wegen

$$y_2^{(k)}(x) = y_1^{(k)}(x)u(x) + \sum_{j=1}^{k} \binom{k}{j} y_1^{(k-j)}(x)u^{(j)}(x); \quad k{=}1, 2,...,n$$

eine Differenzialgleichung n-ter Ordnung für $u(x)$, in welcher $u(x)$ aber selbst nicht auftritt.

Durch die Substitution $p(x) = u'(x)$ gelangt man dann zu einer Differenzialgleichung der Ordnung $n-1$ für die Funktion $p(x)$. Dieses Verfahren ist unter dem Namen **Reduktionsverfahren von d'Alembert** bekannt und wird im folgenden Satz beschrieben.

Satz 5.7

Es sei L ein linearer Differenzialoperator der Ordnung n. Weiter sei $y_1(x)$ eine Lösung von $Ly(x)=0$. Mittels des Produktansatzes $y_2(x)=y_1(x)u(x)$ erhält man eine homogene lineare Differenzialgleichung n-ter Ordnung für $u(x)$

$$L^{*}u(x)=\sum_{k=1}^{n}a_k(x)\sum_{J=1}^{k}\binom{k}{j}y_1^{(k-j)}(x)D^{j}u(x)=0\,, \tag{5.7}$$

in welcher $u(x)$ selbst nicht vorkommt.
Durch die Substitution $p(x)=u'(x)$ gelangt man weiter zu einer Differenzialgleichung der Ordnung $n-1$ für $p(x)$, welche lautet:

$$L^{**}p(x)=\sum_{k=1}^{n}a_k(x)\sum_{J=1}^{k}\binom{k}{j}y_1^{(k-j)}(x)D^{j-1}p(x)=0\,. \tag{5.8}$$

Bemerkung: Ist $p_1(x)$ eine Lösung von $L^{**}p(x)=0$, so ist also durch $y_2(x)=y_1(x)\int p_1(x)\,\mathrm{d}\,x$ eine weitere, von $y_1(x)$ linear unabhängige Lösung von $Ly(x)=0$ gegeben. Das Reduktionsverfahren von d'Alembert kann solange wiederholt werden, bis ein Fundamentalsystem von $Ly(x)=0$ ermittelt worden ist.

Beispiel 5.7

Es sei $L=(x-1)D^2-xD+I$. Dann ist $y_1(x)=x$ eine Lösung der Gleichung $Ly(x)=0$. Man berechne mit Hilfe des Reduktionsverfahrens von d'Alembert eine weitere, von $y_1(x)$ linear unabhängige Lösung.

Lösung: Man macht den Produktansatz $y_2(x)=y_1(x)u(x)=xu(x)$.
Einsetzen des Ansatzes in die Differenzialgleichung $Ly(x)=0$ ergibt

$$(x-1)(2u'(x)+xu''(x))-x(u(x)+xu'(x))+xu(x)=0,$$

woraus folgt

$$x(x-1)u''(x)+\left(-x^2+2x-2\right)u'(x)=0.$$

Mittels der Substitution $p(x)=u'(x)$ erhält man

$$x(x-1)p'(x)+\left(-x^2+2x-2\right)p(x)=0\,.$$

Diese Differenzialgleichung kann mit der Methode Trennung der Variablen gelöst werden; als eine Lösung (man benötigt nur eine!) ermittelt man

$$p_1(x) = \mathrm{e}^x \frac{x-1}{x^2}.$$

Durch Integration folgt daraus $u_1(x) = \frac{1}{x}\mathrm{e}^x$.

Also ist $y_2(x) = y_1(x)u_1(x) = x\frac{1}{x}\mathrm{e}^x = \mathrm{e}^x$ eine weitere Basislösung. Die allgemeine Lösung von $Ly(x) = 0$ lautet demnach

$$y_{\mathrm{allg}}(\mathrm{x}) = C_1 x + C_2\,\mathrm{e}^x$$

mit C_1, C_2 als freien Parametern. ■

5.2.4 Homogene lineare Differenzialgleichung zweiter Ordnung

Es sei $L = D^2 + a_1(x)D + a_0(x)I$. Ist $y_1(x)$ eine Lösung von $Ly(x) = 0$, so führt der Produktansatz $y_2(x) = y_1(x)u(x)$ nach Satz 5.7 auf die Differenzialgleichung

$$L^* u(x) = y_1(x)u''(x) + (a_1(x)y_1(x) + 2y_1'(x))u'(x) = 0.$$

Durch die Substitution $p(x) = u'(x)$ gelangt man zur neuen Differenzialgleichung

$$L^{**} p(x) = y_1(x)p'(x) + (a_1(x)y_1(x) + 2y_1'(x))p(x) = 0.$$

Mit der Methode *Trennung der Variablen* erhält man nun als Lösung

$p_1(x) = \dfrac{\mathrm{e}^{-\int a_1(x)\mathrm{d}x}}{(y_1(x))^2}$, woraus sich durch Integration $u_1(x) = \displaystyle\int\left(\frac{\mathrm{e}^{-\int a_1(x)\mathrm{d}x}}{(y_1(x))^2}\right)\mathrm{d}x$ als

Lösung von $L^* u(x) = 0$ ergibt.

Somit ist mit dem Ansatz $y_2(x) = y_1(x)u(x)$ eine weitere Basislösung von $Ly(x) = 0$ gefunden:

$$y_2(x) = y_1(x)\int\left(\frac{\mathrm{e}^{-\int a_1(x)\mathrm{d}x}}{(y_1(x))^2}\right)\mathrm{d}x.$$

Als Resultat halten wir fest:

Satz 5.8

Es sei $L = D^2 + a_1(x)D + a_0(x)I$, und $y_1(x)$ sei eine Lösung von $Ly(x) = 0$.

Dann bilden $y_1(x)$ und $y_2(x) = y_1(x)\int\left(\frac{e^{-\int a_1(x)dx}}{(y_1(x))^2}\right)dx$ ein Fundamentalsystem der Differenzialgleichung $Ly(x) = 0$.

Beispiel 5.8

Gegeben ist die Differenzialgleichung zweiter Ordnung

$$y''(x) - \frac{2x}{x^2+1}y'(x) + \frac{2}{x^2+1}y(x) = 0\,.$$

Man berechne die allgemeine Lösung.

Lösung: Durch Raten findet man $y_1(x) = x$ als Lösung. Nach Satz 5.8 ergibt sich als weitere Basislösung mit $a_1(x) = -\frac{2x}{x^2+1}$ die Funktion

$$y_2(x) = y_1(x)\int\left(\frac{e^{-\int a_1(x)dx}}{(y_1(x))^2}\right)dx = x\int\left(\frac{e^{\int\frac{2x}{x^2+1}dx}}{x^2}\right)dx = x\int\frac{e^{-\ln(x^2+1)}dx}{x^2}\,.$$

Somit folgt

$$y_2(x) = x\int\frac{1}{x^2(x^2+1)}dx = x\left(\int\frac{1}{x^2}dx - \int\frac{1}{x^2+1}dx\right)$$

und weiter

$$y_2(x) = x\left(-\frac{1}{x} - \arctan x\right) = -1 - x\arctan x.$$

Die allenfalls auftretenden Integrationsparameter sind jeweils 0 gesetzt, da es nur auf eine Lösung ankommt.
Die allgemeine Lösung der obigen Differenzialgleichung lautet also

$$y_{\text{allg}}(x) = C_1 x + C_2(1 + x\arctan x);\quad C_1, C_2 \text{ freie Parameter.}\ \blacksquare$$

Bemerkung: Das Problem bei der Lösung einer linearen Differenzialgleichung zweiter Ordnung (und auch bei einer Differenzialgleichung höherer Ordnung) besteht also zunächst darin, eine Lösung $y_1(x)$ zu finden.

Durch Raten oder auch Verwenden eines der Differenzialgleichung angepassten Ansatzes kann man oftmals eine solche erste Lösung finden. Eine zweite Basislösung ist mittels Satz 5.8 zumindest bei Differenzialgleichungen zweiter Ordnung dann relativ leicht zu berechnen.

5.3 Inhomogene lineare Differenzialgleichung

5.3.1 Struktur der Lösungsgesamtheit

Aus 5.2.1 ist bekannt, dass in Analogie zu homogenen linearen Gleichungssystemen die Lösungen einer homogenen linearen Differenzialgleichung n-ter Ordnung einen Vektorraum der Dimension n bilden.
Eine entsprechende Analogie besteht zwischen den Lösungen eines inhomogenen linearen Gleichungssystems (vgl. [6]) und den Lösungen einer inhomogenen linearen Differenzialgleichung:

Satz 5.9

Es sei L ein linearer Differenzialoperator der Ordnung n. Die allgemeine Lösung $y_{\text{allg}}(x)$ der inhomogenen Differenzialgleichung $Ly(x)=b(x)$ ist die Summe aus der allgemeinen Lösung $y_{\text{hom}}(x)$ der homogenen Differenzialgleichung $Ly(x)=0$ und einer **speziellen** oder **partikulären** Lösung $y_s(x)$ der inhomogenen Gleichung:

$$y_{\text{allg}}(x)=y_{\text{hom}}(x)+y_s(x).$$

Bemerkung: a) Ist $y_1(x),\ldots,y_n(x)$ ein Fundamentalsystem von $Ly(x)=0$, so ist die Lösung von $Ly(x)=b(x)$ gegeben durch

$$y_{\text{allg}}(x)=C_1y_1(x)+C_2y_2(x)+\ldots+C_ny_n(x)+y_s(x); \tag{5.9}$$

dabei sind $C_1,C_2,\ldots,C_n$ freie Parameter, und $y_s(x)$ ist eine spezielle Lösung der inhomogenen Gleichung.
b) Die Differenz zweier spezieller Lösungen der inhomogenen Differenzialgleichung $Ly(x)=b(x)$ ist stets auch eine Lösung der homogenen Differenzialgleichung $Ly(x)=0$.

Beispiel 5.9

Es sei $L = x^2D^2 + xD - I$ und $b(x) = \frac{1}{x^3} + \frac{2}{x^2}$.

Man berechne die allgemeine Lösung von $Ly(x) = b(x)$.

Lösung: Aus Beispiel 5.4 ist bekannt, dass

$$y_{\text{hom}}(x) = C_1 x + C_2 \frac{1}{x}; \quad C_1, C_2 \text{ freie Parameter}$$

die allgemeine Lösung von $Ly(x) = 0$ ist.
Um eine spezielle Lösung von $Ly(x) = b(x)$ zu ermitteln, verwenden wir einen Ansatz entsprechend der rechten Seite $b(x)$ der Differenzialgleichung

$$y_{\text{s}}(x) = \frac{c}{x^3} + \frac{d}{x^2}$$

mit noch zu bestimmenden Parametern *c*, *d*. Auf Grund der Bauart von $Ly(x) = b(x)$ ist nämlich zu vermuten, dass es eine spezielle Lösung mit einer ähnlichen Gestalt wie $b(x)$ gibt.
Einsetzen dieses Ansatzes in die Differenzialgleichung führt zu

$$x^2\left(12\frac{c}{x^5} + 6\frac{d}{x^4}\right) + x\left(-3\frac{c}{x^4} - 2\frac{d}{x^3}\right) - \left(\frac{c}{x^3} + \frac{d}{x^2}\right) = \frac{1}{x^3} + \frac{2}{x^2},$$

d. h. es gilt $8\frac{c}{x^3} + 3\frac{d}{x^2} = \frac{1}{x^3} + \frac{2}{x^2}$, woraus $c = \frac{1}{8}$ und $d = \frac{2}{3}$ folgt.
Die allgemeine Lösung der Differenzialgleichung $Ly(x) = b(x)$ lautet somit:

$$y_{\text{allg}}(x) = C_1 x + C_2 \frac{1}{x} + \frac{1}{8x^3} + \frac{2}{3x^2}; \quad C_1, C_2 \text{ freie Parameter.} \ \blacksquare$$

Hinweis: Die rechte Seite $b(x)$ einer inhomogenen linearen Differenzialgleichung wird als **Störfunktion** oder **Störglied** bezeichnet.
Der Grund für diese Benennung ist darin zu sehen, dass bei der Beschreibung eines physikalischen Vorgangs durch eine inhomogene lineare Differenzialgleichung $Ly(x) = b(x)$ die Funktion $b(x)$ auf der rechten Seite oft eine **Störung** des Gleichgewichts des physikalischen Systems darstellt. Die Lösungsfunktion $y(x)$ ist dann die **Antwort** des Systems auf diese Störung.

5.3.2 Variation der Konstanten

Wenn ein Fundamentalsystem $y_1(x),\ldots,y_n(x)$ der homogenen linearen Differenzialgleichung $Ly(x)=0$ bekannt ist, so kann mit der Methode **Variation der Konstanten,** auch als **Methode von Lagrange** bekannt, eine spezielle Lösung $y_s(x)$ der inhomogenen Gleichung $Ly(x)=b(x)$ gewonnen werden.

Satz 5.10

Es sei L ein linearer Differenzialoperator der Ordnung n, und weiter sei $y_1(x),\ldots,y_n(x)$ ein Fundamentalsystem der Differenzialgleichung $Ly(x)=0$.

Dann ist

$$y_s(x)=C_1(x)y_1(x)+C_2(x)y_2(x)+\ldots+C_n(x)y_n(x) \tag{5.10}$$

eine spezielle Lösung der Differenzialgleichung $Ly(x)=b(x)$, wobei die Faktoren $C_1(x),\ldots,C_n(x)$ Lösung des folgenden linearen Gleichungssystems sind:

$$\begin{aligned}
&C_1'(x)y_1(x)+C_2'(x)y_2(x)+\ldots+C_n'(x)y_n(x)=0\\
&C_1'(x)y_1'(x)+C_2'(x)y_2'(x)+\ldots+C_n'(x)y_n'(x)=0\\
&\vdots\\
&C_1'(x)y_1^{(n-2)}(x)+C_2'(x)y_2^{(n-2)}(x)+\ldots+C_n'(x)y_n^{(n-2)}(x)=0\\
&C_1'(x)y_1^{(n-1)}(x)+C_2'(x)y_2^{(n-1)}(x)+\ldots+C_n'(x)y_n^{(n-1)}(x)=\frac{b(x)}{a_n(x)}
\end{aligned} \tag{5.11}$$

Bemerkung: a) Das lineare Gleichungssystem (5.10) ist eindeutig lösbar, weil die Determinante der Koeffizientenmatrix gerade die Wronski-Determinante des Fundamentalsystems $y_1(x),\ldots,y_n(x)$ und damit ungleich Null ist.

b) Das Gleichungssystem (5.10) ergibt sich, wenn der Ansatz (5.9) in die Differenzialgleichung $Ly(x)=b(x)$ eingesetzt und dann noch zusätzlich gefordert wird, dass die bei den höheren Ableitungen des Ansatzes $y_s(x)$ auftretenden Terme $\sum_{j=1}^{n} C_j'(x)y_j^{(k)}(x)$ für $k=0,1,\ldots,n-2$ jeweils Null sein sollen.

c) In Matrix-Vektor-Notation lautet das Gleichungssystem (5.10) wie folgt:

$$V(x;y_1,y_2,\ldots,y_n)\begin{pmatrix}C_1'(x) & C_2'(x) & \cdots & C_n'(x)\end{pmatrix}^T=\begin{pmatrix}0 & 0 & \cdots & 0 & \dfrac{b(x)}{a_n(x)}\end{pmatrix}^T$$

Beispiel 5.10

Es sei $L = x^2D^2 + xD - I$ und $b(x) = x^3$.

Man berechne die allgemeine Lösung von $Ly(x) = b(x)$.

Lösung: Aus Beispiel 5.4 ist bekannt, dass $y_1(x) = x$ und $y_2(x) = \frac{1}{x}$ ein Fundamentalsystem von $Ly(x) = 0$ bilden, und $y_{\text{hom}}(x) = C_1x + C_2\frac{1}{x}$ ist die allgemeine Lösung der homogenen Differenzialgleichung.
Der Ansatz zur Variation der Konstanten lautet demnach

$$y_s(x) = C_1(x)x + C_2(x)\frac{1}{x}.$$

Das zugehörige lineare Gleichungssystem ergibt sich nach Satz 5.10 zu

$$C_1'(x)x + C_2'(x)\frac{1}{x} = 0$$

$$C_1'(x)1 - C_2'(x)\frac{1}{x^2} = \frac{x^3}{x^2} = x.$$

Multipliziert man die zweite Gleichung mit x und addiert sie zur ersten, so erhält man $C_1'(x) = \frac{1}{2}x$. Durch Einsetzen in die zweite Gleichung folgt $C_2'(x) = -\frac{1}{2}x^3$.

Durch Integration erhalten wir $C_1(x) = \frac{1}{4}x^2, C_2(x) = -\frac{1}{8}x^4$, d. h.

$$y_s(x) = \frac{1}{4}x^3 - \frac{1}{8}x^3 = \frac{1}{8}x^3.$$

Als allgemeine Lösung von $Ly(x) = b(x)$ ergibt sich nun als

$$y_{\text{allg}}(x) = C_1x + C_2\frac{1}{x} + \frac{1}{8}x^3 \text{ mit den freien Parametern } C_1, C_2. \ \blacksquare$$

Bemerkung: Statt des Ansatzes gemäß Variation der Konstanten hilft in manchen Fällen auch ein so genannter **Störgliedansatz** (siehe Kapitel 6), der davon ausgeht, dass es eine spezielle Lösung von ähnlicher Bauart wie die Störfunktion gibt.
So führt z. B. bei obiger Differenzialgleichung $x^2y''(x) + xy'(x) - y(x) = x^3$ der Ansatz $y_s(x) = cx^3$ auch zur Lösung $y_s(x) = \frac{1}{8}x^3$.

5.3.3 Inhomogene lineare Differenzialgleichung zweiter Ordnung

Sind zwei Basislösungen $y_1(x), y_2(x)$ einer homogenen linearen Differenzialgleichung $Ly(x)=0$ zweiter Ordnung bekannt, dann lautet das lineare Gleichungssystem, welches sich aus dem Ansatz $y_s(x)=C_1(x)y_1(x)+C_2(x)y_2(x)$ für eine spezielle Lösung von $Ly(x)=b(x)$ ergibt, wie folgt

$$C_1'(x)y_1(x)+C_2'(x)y_2(x)=0$$
$$C_1'(x)y_1'(x)+C_2'(x)y_2'(x)=\frac{b(x)}{a_2(x)}.$$

Die Lösung ist $C_1'(x)=-\frac{y_2(x)b(x)}{a_2(x)W(x;y_1,y_2)}$, $C_2'(x)=\frac{y_1(x)b(x)}{a_2(x)W(x;y_1,y_2)}$, wobei $W(x;y_1,y_2)$ die Wronski-Determinante von $y_1(x), y_2(x)$ bedeutet.
Durch Integration und Einsetzen in den Ansatz zur Variation der Konstanten ergibt sich

Satz 5.11

Es sei $L=a_2(x)D^2+a_1(x)D+a_0(x)I$, und $y_1(x), y_2(x)$ seien ein Fundamentalsystem von $Ly(x)=0$. Dann erhält man mittels der Methode *Variation der Konstanten* eine spezielle Lösung von $Ly(x)=b(x)$ wie folgt:

$$y_s(x)=-y_1(x)\int\frac{y_2(x)b(x)}{a_2(x)W(x;y_1,y_2)}\mathrm{d}x+y_2(x)\int\frac{y_1(x)b(x)}{a_2(x)W(x;y_1,y_2)}\mathrm{d}x, \quad (5.12)$$

$W(x;y_1,y_2)=y_1y_2'-y_1'y_2$ ist die Wronski-Determinante von $y_1(x), y_2(x)$.

Beispiel 5.11

Es sei $L=D^2-\frac{x}{x-1}D+\frac{1}{x-1}I$ und $b(x)=x-1$.

Man berechne die allgemeine Lösung von $Ly(x)=b(x)$.

Lösung: Aus Beispiel 5.7 weiß man, dass $y_1(x)=x$ und $y_2(x)=\mathrm{e}^x$ ein Fundamentalsystem von $Ly(x)=0$ bilden. Die Wronski-Determinante ist

$$W(x;x,\mathrm{e}^x)=x\,\mathrm{e}^x-1\mathrm{e}^x=(x-1)\mathrm{e}^x.$$

Damit erhalten wir nach Satz 5.11

$$y_s(x) = -x\int\frac{e^x(x-1)}{(x-1)e^x}dx + e^x\int\frac{x(x-1)}{a(x-1)e^x}dx = -x^2 + e^x(-xe^{-x} - e^{-x}),$$

also ist $y_s(x) = -x^2 - x - 1$. Als allgemeine Lösung von $Ly(x) = b(x)$ ergibt sich

$$y_{\text{allg}}(x) = C_1 x + C_2 e^x - x^2 - x - 1;\quad C_1, C_2 \text{ freie Parameter.} \blacksquare$$

Aufgaben

5.1 Zur folgenden Differenzialgleichung $x^3 y'''(x) + 2x^2 y''(x) - y'(x) + y(x) = 0$ gebe man den zugehörenden Differenzialoperator an.

5.2 Es ist $L = x^4 D^4 + x^2 D^2 + I$ ein linearer Differenzialoperator. Geben Sie die zugehörige Differenzialgleichung an.

5.3 Gegeben ist die folgende lineare Differenzialgleichung dritter Ordnung $(x^3 + x^2 - x - x^3 \ln x)y''' - (x^3 - 2x + 2 - x^3 \ln x)y'' - (x^2 + 2x)y' = -(x+2)y$.
Man zeige, dass $y_1(x) = x, y_2(x) = \ln x, y_3(x) = e^x$ ein Basissystem bilden.

5.4 Man berechne die allgemeine Lösung von $x^2 y'' + (x^2 - 2x)y' + (2 - x)y = 0$.

5.5 Für die Differenzialgleichung $x^3 y'''(x) + x^2 y''(x) - 2xy'(x) + 2y(x) = 0$ ist $y_1(x) = x$ Lösung. Man finde unter Verwendung des Reduktionsverfahrens von d'Alembert weitere Basislösungen.

5.6 Lösen Sie die Differenzialgleichung $y''(x) - \frac{1}{x}y'(x) + \frac{1}{x^2}y(x) = 0$.

5.7 Man berechne eine spezielle Lösung der folgenden Differenzialgleichung $y'''(x) - \frac{x}{x-1}y''(x) + \frac{1}{x-1}y'(x) = x - 1$.

5.8 Lösen Sie die Differenzialgleichung $x^2 y''(x) + xy'(x) + y(x) = 0$ unter Verwendung des Ansatzes $y(x) = x^r$.

5.9 Man berechne die Lösung $y(x)$ von $(1 - x^2)y''(x) - 2xy'(x) + 2y(x) = 0$.

5.10 Es sei $L = D^3 - xa(x)D^2 + a(x)D$ mit einer stetigen Funktion $a(x)$. Geben Sie Formeln für ein Fundamentalsystem von $Ly(x) = 0$ in Abhängigkeit von der Funktion $a(x)$ an.

6 Lineare Differenzialgleichungen mit konstanten Koeffizienten

In Kapitel 5 wurden lineare Differenzialgleichungen behandelt, bei denen die Koeffizienten $a_k(x)$ von x abhängige Funktionen sind. In vielen technischen Anwendungen kommt jedoch der Fall vor, dass diese Koeffizienten konstant sind.

Selbstverständlich gelten alle Aussagen und Sätze über lineare Differenzialgleichungen auch für solche mit konstanten Koeffizienten. (Siehe insbesondere die Abschnitte 5.1.2, 5.2.1, 5.2.2, 5.3.1 und 5.3.2.)
Für lineare Differenzialgleichungen mit konstanten Koeffizienten gibt es eine vollständige Lösungstheorie, welche die Lösung einer homogenen Gleichung zurückführt auf die Lösung einer algebraischen Gleichung.
Eine Lösung einer inhomogenen Gleichung findet man nach 5.3.2 mit der Methode **Variation der Konstanten**. Für einige häufig auftretende Klassen von **Störfunktionen** empfiehlt sich ein so genannter **Störgliedansatz**, wie er in 6.3.2 vorgeschlagen wird.

6.1 Definition der linearen Differenzialgleichung mit konstanten Koeffizienten

Definition 6.1

Eine Differenzialgleichung der Form

$$a_n y^{(n)}(x) + a_{n-1} y^{(n-1)}(x) + \ldots + a_1 y'(x) + a_0 y(x) = b(x) \tag{6.1}$$

mit reellen Zahlen $a_0, a_1, \ldots, a_n$, wobei $a_n \neq 0$ ist, und mit einer stetigen Funktion $b(x)$ heißt **lineare Differenzialgleichung *n*-ter Ordnung mit konstanten Koeffizienten**. Dabei ist n eine natürliche Zahl.

Ist $b(x)$ die Nullfunktion, so heißt die Differenzialgleichung **homogen**, ansonsten heißt sie **inhomogen**.

Bemerkung: a) Ohne Beschränkung der Allgemeinheit wollen wir künftig annehmen, dass der höchste Koeffizient a_n den Wert 1 hat. Ansonsten kann man dies erreichen, indem die Differenzialgleichung mit a_n^{-1} multipliziert wird.

b) Wie in Kapitel 5 wird auch für lineare Differenzialgleichungen mit konstanten Koeffizienten die Differenzialoperator-Schreibweise $Ly(x) = b(x)$ verwendet (siehe auch 5.1.1).

Beispiel 6.1

Die Differenzialgleichung zweiter Ordnung

$$3y''(x) + 15y'(x) + 18y(x) = \cos 3x$$

ist linear und hat konstante Koeffizienten. Wegen $b(x) = \cos 3x$ ist sie darüber hinaus inhomogen.

Mit $L = 3D^2 + 15D + 6I$ lautet die obige Differenzialgleichung in Differenzialoperator-Schreibweise $Ly(x) = \cos 3x$.

Durch Multiplikation mit $\frac{1}{3}$ erreicht man, dass der höchste Koeffizient a_2 den Wert 1 erhält:

$$\frac{1}{3}Ly(x) = y''(x) + 5y'(x) + 6y(x) = \frac{1}{3}\cos 3x. \quad ■$$

6.2 Homogene lineare Differenzialgleichung mit konstanten Koeffizienten

6.2.1 Differenzialgleichung zweiter Ordnung

Die Differenzialgleichung $y'(x) + a_0 y(x) = 0$ mit $a_0 \in \mathbf{R}$ hat $y_{\text{hom}}(x) = Ce^{-a_0 x}$ als allgemeine Lösung, wobei C ein freier Parameter ist. Daher kann man vermuten, dass die Differenzialgleichung $y''(x) + a_1 y'(x) + a_0 y(x) = 0$ ebenfalls eine Lösung der Form $y(x) = \mathrm{e}^{\lambda x}$ besitzt.

Setzt man diesen **Exponentialansatz** $y(x) = \mathrm{e}^{\lambda x}$ in die Differenzialgleichung ein, so erhält man

$$\lambda^2 \mathrm{e}^{\lambda x} + a_1 \lambda \mathrm{e}^{\lambda x} + a_0 \mathrm{e}^{\lambda x} = \left(\lambda^2 + a_1 \lambda + a_0\right)\mathrm{e}^{\lambda x} = 0,$$

woraus wegen $\mathrm{e}^{\lambda x} \neq 0$ folgt

$$\lambda^2 + a_1 \lambda + a_0 = 0.$$

Jede Lösung der Gleichung $\lambda^2 + a_1\lambda + a_0 = 0$ führt demnach zu einer Lösung der zugehörigen Differenzialgleichung. Diese Gleichung bestimmt also das Lösungsverhalten der Differenzialgleichung, sie erhält deshalb eine besondere Bezeichnung.

Definition 6.2

Es sei

$$y''(x) + a_1 y'(x) + a_0 y(x) = 0 \tag{6.2}$$

eine homogene lineare Differenzialgleichung zweiter Ordnung mit konstanten Koeffizienten. Dann heißt die Gleichung

$$\lambda^2 + a_1\lambda + a_0 = 0 \tag{6.3}$$

die zur Differenzialgleichung gehörige **charakteristische Gleichung**.

Beispiel 6.2

Man löse die Differenzialgleichung zweiter Ordnung

$$y''(x) + 7y'(x) + 12y(x) = 0$$

durch Exponentialansatz.

Lösung: Der Ansatz $y(x) = \mathrm{e}^{\lambda x}$ führt auf die charakteristische Gleichung

$$\lambda^2 + 7\lambda + 12 = 0\,.$$

Die Lösungen sind $\lambda_1 = -4, \lambda_2 = -3$, woraus man $y_1(x) = \mathrm{e}^{-4x}$ und $y_2(x) = \mathrm{e}^{-3x}$ als Lösungsfunktionen der obigen Differenzialgleichung erhält.
Für die Wronski-Determinante von $y_1(x), y_2(x)$ gilt

$$W(x; y_1, y_2) = W\left(x; \mathrm{e}^{-4x}, \mathrm{e}^{-3x}\right) = \begin{vmatrix} \mathrm{e}^{-4x} & \mathrm{e}^{-3x} \\ -4\mathrm{e}^{-4x} & -3\mathrm{e}^{-3x} \end{vmatrix} = \mathrm{e}^{-7x} \neq 0\,,$$

d. h. $y_1(x), y_2(x)$ sind linear unabhängige Funktionen.
Also bilden nach Satz 5.5 $y_1(x), y_2(x)$ ein Fundamentalsystem der Differenzialgleichung, und die allgemeine Lösung besitzt die Form

$$y_{\text{hom}}(x) = C_1\,\mathrm{e}^{-4x} + C_2\,\mathrm{e}^{-3x}$$

mit C_1, C_2 als freien Parametern. ■

Am unkompliziertesten ist der Fall wie in Beispiel 6.2, wenn es zwei voneinander verschiedene reelle Lösungen λ_1, λ_2 gibt. Dann bilden nämlich $y_1(x) = \mathrm{e}^{\lambda_1 x}$ und $y_2(x) = \mathrm{e}^{\lambda_2 x}$ ein Fundamentalsystem von (6.2).

Hat die charakteristische Gleichung (6.3) nur eine Lösung λ_1, die aber doppelt vorkommt, so erhält man nur eine Lösungsfunktion $y_1(x) = \mathrm{e}^{-\lambda_1 x}$. In diesem Fall hat die Differenzialgleichung die Gestalt

$$y''(x) + a_1 y'(x) + \frac{a_1^2}{4} y(x) = 0,$$

und es ist $\lambda_1 = -\frac{a_1}{2}$ die Lösung der charakteristischen Gleichung.

Um eine zweite, von $y_1(x) = \mathrm{e}^{-\frac{a_1}{2}x}$ linear unabhängige Lösung $y_2(x)$ zu gewinnen, hilft der **Produktansatz** aus 5.2.3 weiter. Dabei können wir direkt Satz 5.8 aus 5.2.4 anwenden und erhalten mit

$$y_2(x) = y_1(x) \int \left(\frac{\mathrm{e}^{-\int a_1 \mathrm{d}x}}{(y_1(x))^2} \right) \mathrm{d}x = \mathrm{e}^{-\frac{a_1}{2}x} \int \frac{\mathrm{e}^{-a_1 x}}{\mathrm{e}^{-a_1 x}} \mathrm{d}x = x\,\mathrm{e}^{-\frac{a_1}{2}x}$$

eine zweite Basisfunktion.

Beispiel 6.3

Gegeben ist die Differenzialgleichung

$$y''(x) - 10y'(x) + 25y(x) = 0.$$

Man berechne ein Fundamentalsystem zu dieser Gleichung.

Lösung: Hier lautet die charakteristische Gleichung $\lambda^2 - 10\lambda + 25 = 0$ mit den Lösungen $\lambda_1 = \lambda_2 = 5$.

Eine Basislösung ist $y_1(x) = \mathrm{e}^{5x}$. Eine weitere erhält man wie oben mittels *Produktansatz*, nämlich $y_2(x) = x\mathrm{e}^{5x}$. Also bilden $y_1(x) = \mathrm{e}^{5x}$ und $y_2(x) = x\mathrm{e}^{5x}$ ein Fundamentalsystem, und die allgemeine Lösung der obigen Differenzialgleichung lautet

$$y_{\text{hom}}(x) = C_1\,\mathrm{e}^{5x} + C_2 x\,\mathrm{e}^{5x}$$

mit C_1, C_2 als freien Parametern. ■

Nun kann noch der Fall auftreten, dass die charakteristische Gleichung (6.3) zwei zueinander konjugiert komplexe Lösungen $\lambda_1 = \alpha + \mathrm{i}\beta$ und $\lambda_2 = \alpha - \mathrm{i}\beta$ besitzt. Damit erhält man ein komplexes Fundamentalsystem $z_1(x), z_2(x)$ mit

$$z_1(x) = \mathrm{e}^{(\alpha+\mathrm{i}\beta)x} = \mathrm{e}^{\alpha x}\mathrm{e}^{\mathrm{i}\beta x} = \mathrm{e}^{\alpha x}\cos\beta x + \mathrm{i}\,\mathrm{e}^{\alpha x}\sin\beta x$$

$$z_2(x) = \mathrm{e}^{(\alpha-\mathrm{i}\beta)x} = \mathrm{e}^{\alpha x}\mathrm{e}^{-\mathrm{i}\beta x} = \mathrm{e}^{\alpha x}\cos\beta x - \mathrm{i}\,\mathrm{e}^{\alpha x}\sin\beta x\,.$$

Einsetzen von $z_1(x)$ in die Differenzialgleichung ergibt

$$\begin{aligned}
&z_1''(x) + a_1 z_1'(x) + a_0 z_1(x)\\
&= \left(\mathrm{e}^{\alpha x}\cos\beta x\right)'' + a_1\left(\mathrm{e}^{\alpha x}\cos\beta x\right)' + a_0\,\mathrm{e}^{\alpha x}\cos\beta x\\
&+ \mathrm{i}\left(\left(\mathrm{e}^{\alpha x}\sin\beta x\right)'' + a_1\left(\mathrm{e}^{\alpha x}\sin\beta x\right)' + a_0\,\mathrm{e}^{\alpha x}\sin\beta x\right) = 0,
\end{aligned}$$

woraus sofort folgt, dass der Realteil $y_1(x) = \mathrm{e}^{\alpha x}\cos\beta x$ von $z_1(x)$ und der Imaginärteil $y_2(x) = \mathrm{e}^{\alpha x}\sin\beta x$ von $z_1(x)$ selbst Lösungen von (6.2) sind. Für ihre Wronski-Determinante gilt

$$W(x; y_1, y_2) = \begin{vmatrix} \mathrm{e}^{\alpha x}\cos\beta x & \mathrm{e}^{\alpha x}\sin\beta x \\ \alpha\,\mathrm{e}^{\alpha x}\cos\beta x - \beta\,\mathrm{e}^{\alpha x}\sin\beta x & \alpha\,\mathrm{e}^{\alpha x}\sin\beta x + \beta\,\mathrm{e}^{\alpha x}\cos\beta x \end{vmatrix},$$

d.h. es ist

$$W(x; y_1, y_2) = \beta\,\mathrm{e}^{2\alpha x}\left(\cos^2\beta x + \sin^2\beta x\right) = \beta\,\mathrm{e}^{2\alpha x} \neq 0\,,$$

da β ungleich Null ist.

Somit bilden $y_1(x) = \mathrm{e}^{\alpha x}\cos\beta x$ und $y_2(x) = \mathrm{e}^{\alpha x}\sin\beta x$ ein Fundamentalsystem von $y''(x) + a_1 y'(x) + a_0 y(x) = 0$, wenn $\lambda_{1/2} = \alpha \pm \mathrm{i}\beta$ die Lösungen der zugehörigen charakteristischen Gleichung sind.

Die einzelnen Möglichkeiten, die bei der Lösung der charakteristischen Gleichung (6.3) auftreten können, werden im Satz 6.1 zusammengefasst.

Satz 6.1

Es sei $L = D^2 + a_1 D + a_0 I$ ein linearer Differenzialoperator mit konstanten Koeffizienten. Dann erhält man ein Fundamentalsystem von $Ly(x) = 0$ aus den Lösungen λ_1, λ_2 der charakteristischen Gleichung $\lambda^2 + a_1\lambda + a_0 = 0$ wie folgt:

- Sind λ_1, λ_2 reell und voneinander verschieden, so bilden $y_1(x) = \mathrm{e}^{-\lambda_1 x}$ und $y_2(x) = \mathrm{e}^{-\lambda_2 x}$ ein Basissystem von $Ly(x) = 0$.
- Ist $\lambda_1 = \lambda_2$, so bilden $y_1(x) = \mathrm{e}^{-\lambda_1 x}$ und $y_2(x) = x\mathrm{e}^{-\lambda_1 x}$ ein Basissystem von $Ly(x) = 0$.
- Sind $\lambda_1 = \alpha + \mathrm{i}\beta$, $\lambda_2 = \alpha - \mathrm{i}\beta$ konjugiert komplex zueinander, so bilden $y_1(x) = \mathrm{e}^{\alpha x} \cos \beta x$, $y_2(x) = \mathrm{e}^{\alpha x} \sin \beta x$ ein Basissystem von $Ly(x) = 0$.

Bemerkung: Mittels der Lösungsformel für quadratische Gleichungen kann man die Aussagen von Satz 6.1 über die allgemeine Lösung $y_{\mathrm{hom}}(x)$ von $Ly(x) = 0$ übersichtlich wie folgt in Tabellenform formulieren. Dabei bezeichne $d = a_1^2 - 4a_0$ die Diskriminante von $\lambda^2 + a_1\lambda + a_0 = 0$.

Tabelle 6.1 Allgemeine Lösung von $Ly(x) = y''(x) + a_1 y'(x) + a_0 y(x) = 0$

Diskriminante $d = a_1^2 - 4a_0$	**Lösungen von** $\lambda^2 + a_1\lambda + a_0 = 0$	**Allgemeine Lösung** y_{hom} **von** $y''(x) + a_1 y'(x) + a_0 y(x) = 0$
$d > 0$	$\lambda_{1/2} = \frac{1}{2}\left(-a_1 \pm \sqrt{d}\right)$	$y_{\mathrm{hom}} = C_1 \mathrm{e}^{\lambda_1 x} + C_2 \mathrm{e}^{\lambda_2 x}$
$d = 0$	$\lambda_{1/2} = -\frac{a_1}{2}$	$y_{\mathrm{hom}} = C_1 \mathrm{e}^{-\frac{a_1}{2}x} + C_2 x \mathrm{e}^{-\frac{a_1}{2}x}$
$d < 0$	$\lambda_{1/2} = \alpha \pm \mathrm{i}\beta$ mit $\alpha = -\frac{a_1}{2}, \beta = \frac{1}{2}\sqrt{-d}$	$y_{\mathrm{hom}} = C_1 \mathrm{e}^{\alpha x} \cos \beta x + C_2 \mathrm{e}^{\alpha x} \sin \beta x$

Beispiel 6.4

Gegeben ist die Differenzialgleichung $Ly(x) = y''(x) + 4y'(x) + 13y(x) = 0$. Man berechne die allgemeine Lösung $y_{\mathrm{hom}}(x)$.

Lösung: Die charakteristische Gleichung lautet $\lambda_2 + 4\lambda + 13 = 0$. Sie hat die Lösungen $\lambda_{1/2} = -2 \pm \mathrm{i}3$. Also bilden gemäß Tabelle 6.1 die Funktionen $y_1(x) = \mathrm{e}^{-2x} \cos 3x$, $y_2(x) = \mathrm{e}^{-2x} \cos 3x$ ein Basissystem, und die allgemeine Lösung ergibt sich als

$$y_{\mathrm{hom}} = C_1 \mathrm{e}^{-2x} \cos 3x + C_2 \mathrm{e}^{-2x} \sin 3x; \quad C_1, C_2 \text{ freie Parameter.} \blacksquare$$

Ist die allgemeine Lösung $y_{\text{hom}}(x)$ einer homogenen linearen Differenzialgleichung zweiter Ordnung mit konstanten Koeffizienten bekannt, so kann man daraus die zugehörige Differenzialgleichung berechnen, wie folgendes Beispiel zeigt.

Beispiel 6.5

Es sei $y_{\text{hom}}(x) = C_1 e^{-x} + C_2 x e^{-x}$ mit den freien Parametern C_1, C_2 die allgemeine Lösung einer linearen Differenzialgleichung mit konstanten Koeffizienten. Man gebe die zugehörige Differenzialgleichung an, bei welcher der Koeffizient a_2 bei $y''(x)$ gleich 1 ist.

Lösung: Auf Grund der Bauart von $y_{\text{hom}}(x)$ folgt, dass es sich um eine homogene Differenzialgleichung zweiter Ordnung handelt. Der Vergleich mit Satz 6.1 oder mit Tabelle 6.1 ergibt, dass die charakteristische Gleichung $\lambda_1 = \lambda_2 = -1$ als Lösungen besitzt. Also lautet die charakteristische Gleichung

$$(\lambda - \lambda_1)(\lambda - \lambda_2) = (\lambda + 1)^2 = \lambda^2 + 2\lambda + 1 = 0\,.$$

Daraus erhält man als zugehörige Differenzialgleichung

$$y''(x) + 2y'(x) + y(x) = 0. \quad \blacksquare$$

6.2.2 Differenzialgleichung *n*-ter Ordnung

Liegt eine homogene lineare Differenzialgleichung *n*-ter Ordnung

$$Ly(x) = y^{(n)}(x) + a_{n-1} y^{(n-1)}(x) + \ldots + a_1 y'(x) + a_0 y(x) = 0$$

mit konstanten Koeffizienten und $n \geq 3$ vor, so können wir wie bei einer Differenzialgleichung zweiter Ordnung den **Exponentialansatz** $y(x) = e^{\lambda x}$ versuchen und erhalten durch Einsetzen in die Differenzialgleichung

$$\lambda^n e^{\lambda x} + a_{n-1} \lambda^{n-1} e^{\lambda x} + \ldots + a_1 \lambda e^{\lambda x} + a_0 e^{\lambda x} = 0\,.$$

Wegen $e^{\lambda x} \neq 0$ folgt daraus

$$\lambda^n + a_{n-1} \lambda^{n-1} + \ldots + a_1 \lambda + a_0 = 0\,.$$

Wie bei Differenzialgleichungen zweiter Ordnung führt jede Lösung dieser algebraischen Gleichung zu einer Lösungsfunktion der Differenzialgleichung, und wir verwenden dieselbe Bezeichnung wie in Definition 6.2 für diese algebraische Gleichung *n*-ten Grades.

Definition 6.3

Es sei

$$Ly(x) = y^{(n)}(x) + a_{n-1}y^{(n-1)}(x) + \ldots + a_1 y'(x) + a_0 y(x) = 0 \tag{6.4}$$

eine lineare Differenzialgleichung n-ter Ordnung mit konstanten Koeffizienten.

Dann heißt die Gleichung

$$\lambda^n + a_{n-1}\lambda^{n-1} + \ldots + a_1\lambda + a_0 = 0 \tag{6.5}$$

die zur Differenzialgleichung gehörige **charakteristische Gleichung**.

Besonders unkompliziert ist der Fall, wenn alle Lösungen $\lambda_1, \lambda_2, \ldots, \lambda_n$ der charakteristischen Gleichung (6.5) reell und voneinander verschieden sind.
Dann bilden nämlich $y_1(x) = \mathrm{e}^{\lambda_1 x}, y_2(x) = \mathrm{e}^{\lambda_2 x}, \ldots, y_n(x) = \mathrm{e}^{\lambda_n x}$ ein Fundamentalsystem, da ihre Wronski-Determinante ungleich Null ist.

Beispiel 6.6

Man ermittle ein Fundamentalsystem der Differenzialgleichung

$$y^{(4)}(x) - 13y''(x) + 36y(x) = 0.$$

Lösung: Die zugehörige charakteristische Gleichung lautet $\lambda^4 - 13\lambda^2 + 36 = 0$.
Ihre Lösungen sind $\lambda_{1/2} = \pm 2, \lambda_{3/4} = \pm 3$.
Daraus erhält man die Lösungsfunktionen

$$y_1(x) = \mathrm{e}^{2x}, y_2(x) = \mathrm{e}^{-2x}, y_3(x) = \mathrm{e}^{3x}, y_4(x) = \mathrm{e}^{-3x}.$$

Ihre Wronski-Determinante ist

$$W(x; y_1, y_2, y_3, y_4) = \begin{vmatrix} \mathrm{e}^{2x} & \mathrm{e}^{-2x} & \mathrm{e}^{3x} & \mathrm{e}^{-3x} \\ 2\mathrm{e}^{2x} & -2\mathrm{e}^{-2x} & 3\mathrm{e}^{3x} & -3\mathrm{e}^{-3x} \\ 2^2\,\mathrm{e}^{2x} & (-2)^2\,\mathrm{e}^{-2x} & 3^2\,\mathrm{e}^{3x} & (-3)^2\,\mathrm{e}^{-3x} \\ 2^3\,\mathrm{e}^{2x} & (-2)^3\,\mathrm{e}^{-2x} & 3^3\,\mathrm{e}^{3x} & (-3)^3\,\mathrm{e}^{-3x} \end{vmatrix}.$$

Wegen

$$W(x; y_1, y_2, y_3, y_4) = \begin{vmatrix} 1 & 1 & 1 & 1 \\ 2 & -2 & 3 & -3 \\ 2^2 & (-2)^2 & 3^2 & (-3)^2 \\ 2^3 & (-2)^3 & 3^3 & (-3)^3 \end{vmatrix} = 600 \neq 0$$

sind diese Lösungsfunktionen linear unabhängig und bilden daher ein Fundamentalsystem.
Die allgemeine Lösung der obigen Differenzialgleichung ist

$$y_{\text{hom}}(x) = C_1\,\mathrm{e}^{2x} + C_2\,\mathrm{e}^{-2x} + C_3\,\mathrm{e}^{3x} + C_4\,\mathrm{e}^{-3x}$$

mit den freien Parametern C_1, C_2, C_3, C_4. ■

Kommt eine reelle Lösung der charakteristischen Gleichung, etwa λ_1, mehrfach mit der Vielfachheit $k_1 > 1$ vor, so erhält man zunächst nur $y_1(x) = \mathrm{e}^{\lambda_1 x}$ als Lösungsfunktion. Mit Hilfe des **Produktansatzes**, den man k_1-fach nacheinander ausführt, ergeben sich dann $y_2(x) = x\,\mathrm{e}^{\lambda_1 x}, y_3(x) = x^2\,\mathrm{e}^{\lambda_1 x}, \ldots, y_{k_1}(x) = x^{k_1 - 1}\,\mathrm{e}^{\lambda_1 x}$ als weitere Lösungsfunktionen.
Da die Wronski-Determinante $W\left(x; \mathrm{e}^{\lambda_1 x}, x\mathrm{e}^{\lambda_1 x}, \ldots, x^{k_1 - 1}\mathrm{e}^{\lambda_1 x}\right)$ ungleich Null ist, sind $y_1(x) = \mathrm{e}^{\lambda_1 x}, y_2(x) = x\,\mathrm{e}^{\lambda_1 x}, y_3(x) = x^2\,\mathrm{e}^{\lambda_1 x}, \ldots, y_{k_1}(x) = x^{k_1 - 1}\,\mathrm{e}^{\lambda_1 x}$ linear unabhängig. Also können diese Funktionen als Teil eines Fundamentalsystems von $Ly(x) = 0$ gewählt werden.

Beispiel 6.7

Es sei $L = D^3 + 6D^2 + 12D + 8I$. Gesucht ist die Lösung von $Ly(x) = 0$.

Lösung: Als charakteristische Gleichung erhält man

$$\lambda^3 + 6\lambda^2 + 12\lambda + 8 = 0.$$

Die Lösung lautet $\lambda_1 = 2$ mit der Vielfachheit $k_1 = 3$. Also bilden

$$y_1(x) = \mathrm{e}^{2_1 x}, y_2(x) = x\,\mathrm{e}^{2x}, y_3(x) = x^2\,\mathrm{e}^{2x}$$

ein Fundamentalsystem von $Ly(x) = 0$, und die allgemeine Lösung ist

$$y_{\text{hom}}(x) = C_1\,\mathrm{e}^{2_1 x} + C_2 x\,\mathrm{e}^{2x} + C_3 x^2\,\mathrm{e}^{2x}$$

mit C_1, C_2, C_3 als freien Parametern. ■

Ist $\lambda_1 = \alpha + \mathrm{i}\beta$ und $\lambda_2 = \alpha - \mathrm{i}\beta$ ein konjugiert komplexes Lösungspaar der charakteristischen Gleichung (6.5) mit jeweils der Vielfachheit k_1, so erhält man wie im Fall einer linearen Differenzialgleichung zweiter Ordnung (Satz 6.1) zunächst $y_1(x) = \mathrm{e}^{\alpha x}\cos\beta x$ und $y_2(x) = \mathrm{e}^{\alpha x}\sin\beta x$ als linear unabhängige Lösungsfunktionen.

Durch wiederholten **Produktansatz** gemäß Satz 5.7 ergeben sich weitere Lösungen

$$y_3(x) = x\,\mathrm{e}^{\alpha x}\cos(\beta x),\, y_4(x) = \mathrm{e}^{\alpha x}\sin(\beta x), \ldots$$
$$y_{2k_1-1}(x) = x^{k_1-1}\,\mathrm{e}^{\alpha x}\cos(\beta x),\, y_{2k_1}(x) = x^{k_1-1}\,\mathrm{e}^{\alpha x}\sin(\beta x),$$

so dass man nun insgesamt ein System von $2k_1$ linear unabhängigen Lösungsfunktionen erhält, die man als Teil eines kompletten Fundamentalsystems wählen kann.

Im folgenden Satz sind die einzelnen Möglichkeiten zusammengefasst.

Satz 6.2

Es sei mit $Ly(x) = y^{(n)}(x) + a_{n-1}y^{(n-1)}(x) + \ldots + a_1 y'(x) + a_0 y(x) = 0$ eine lineare Differenzialgleichung n-ter Ordnung mit konstanten Koeffizienten gegeben.

Dann erhält man ein Fundamentalsystem von $Ly(x) = 0$ aus den Lösungen der charakteristischen Gleichung $\lambda^n + a_{n-1}\lambda^{n-1} + \ldots + a_1\lambda + a_0 = 0$ wie folgt:

- Ist λ_1 eine reelle Lösung der Vielfachheit k_1, so bilden die k_1 Funktionen
  $y_1(x) = \mathrm{e}^{\lambda_1 x}, y_2(x) = x\,\mathrm{e}^{\lambda_1 x}, y_3(x) = x^2\,\mathrm{e}^{\lambda_1 x}, \ldots, y_{k_1}(x) = x^{k_1-1}\,\mathrm{e}^{\lambda_1 x}$
  den Teil eines Fundamentalsystems von $Ly(x) = 0$.
- Ist $\lambda_1 = \alpha + \mathrm{i}\beta$ und $\lambda_2 = \alpha - \mathrm{i}\beta$ ein Paar konjugiert komplexer Lösungen von jeweils der Vielfachheit k_1, so bilden die $2k_1$ Funktionen
  $y_1(x) = \mathrm{e}^{\alpha x}\cos\beta x, y_2(x) = x\,\mathrm{e}^{\alpha x}\cos\beta x, \ldots, y_{k_1}(x) = x^{k_1-1}\,\mathrm{e}^{\alpha x}\cos\beta x$;
  $y_{k_1+1}(x) = \mathrm{e}^{\alpha x}\sin\beta x, y_{k_1+2}(x) = x\,\mathrm{e}^{\alpha x}\sin\beta x, \ldots, y_{2k_1}(x) = x^{k_1-1}\,\mathrm{e}^{\alpha x}\sin\beta x$
  den Teil eines Fundamentalsystems von $Ly(x) = 0$.

Die Gesamtheit der so ermittelten Lösungen $Ly(x) = 0$ bildet dann ein komplettes Fundamentalsystem von n linear unabhängigen Funktionen.

Bemerkung: Hat die charakteristische Gleichung von $Ly(x) = 0$ r reelle Lösungen $\lambda_1, \lambda_2, \ldots, \lambda_r$ mit den Vielfachheiten $k_1, k_2, \ldots, k_r$ und s Paare konjugiert komplexer Lösungen $\alpha_1 \pm \mathrm{i}\beta_1, \alpha_2 \pm \mathrm{i}\beta_2, \ldots, \alpha_s \pm \mathrm{i}\beta_s$ mit den Vielfachheiten $l_1, l_2, \ldots, l_s$, so lautet nach Satz 6.2 die allgemeine Lösung von $Ly(x) = 0$ wie folgt:

$$y_{\text{hom}}(x) = \sum_{j=1}^{r}\left(A_{j1}\mathrm{e}^{\lambda_j x} + A_{j2}x\mathrm{e}^{\lambda_j x} + \ldots + A_{jk_j}x^{k_j-1}\mathrm{e}^{\lambda_j x}\right)$$

$$+ \sum_{j=1}^{s}\left(B_{j1}\,\mathrm{e}^{\alpha_j x}\cos\beta_j x + B_{j2}x\mathrm{e}^{\alpha_j x}\cos\beta_j x + \ldots + B_{jl_j}x^{l_j-1}\,\mathrm{e}^{\alpha_j x}\cos\beta_j x\right)$$

$$+ \sum_{j=1}^{s}\left(C_{j1}\,\mathrm{e}^{\alpha_j x}\sin\beta_j x + C_{j2}x\mathrm{e}^{\alpha_j x}\sin\beta_j x + \ldots + C_{jl_j}x^{l_j-1}\,\mathrm{e}^{\alpha_j x}\sin\beta_j x\right).$$

Beispiel 6.8

Man löse die Differenzialgleichung $Ly(x) = 0$, wobei für den linearen Differenzialoperator L gilt: $L = D^7 + 4D^5 + 4D^3$.

Lösung: Die zugehörige charakteristische Gleichung ist

$$\lambda^7 + 4\lambda^5 + 4\lambda^3 = \lambda^3\left(\lambda^2 + 4\right)^2 = 0\,.$$

Sie besitzt die Lösungen $\lambda_1 = 0$ und $\lambda_{2/3} = \pm \mathrm{i}2$ mit den Vielfachheiten $k_1 = 3, k_{2/3} = 2$. Also lautet die allgemeine Lösung

$$\begin{aligned} y_{\text{hom}}(x) = {} & A_1 + A_2 x + A_3 x^2 \\ & + B_1\cos 2x + B_2 x\cos 2x \\ & + C_1\sin 2x + C_2 x\sin 2x \end{aligned}$$

mit den freien Parametern $A_1, A_2, A_3, B_1, B_2, C_1, C_2$. ■

Hinweis: Für die bei der Lösung der charakteristischen Gleichung auftretenden Vielfachheiten $k_1, k_2, \ldots, k_r$ bzw. $l_1, l_2, \ldots, l_s$ der reellen bzw. komplexen Lösungen gilt:

$$k_1 + k_2 + \ldots + k_r + 2\left(l_1 + l_2 + \ldots + l_r\right) = n\,.$$

Um festzustellen, ob bereits alle Lösungen der charakteristischen Gleichung bestimmt sind, kann dies als einfache Plausibilitätsprüfung verwendet werden.

6.3 Inhomogene lineare Differenzialgleichung mit konstanten Koeffizienten

Wie allgemein bei linearen Differenzialgleichungen setzt sich die allgemeine Lösung einer inhomogenen linearen Differenzialgleichung $Ly(x) = b(x)$ mit konstanten Koeffizienten nach Satz 5.9 zusammen aus der allgemeinen Lösung $y_{\text{hom}}(x)$ der zugehörigen homogenen Gleichung $Ly(x) = 0$ und einer speziellen Lösung $y_{\text{s}}(x)$ der inhomogenen Gleichung:

$$y_{\text{allg}}(x) = y_{\text{hom}}(x) + y_{\text{s}}(x).$$

Damit ergibt sich folgendes Vorgehen zur Lösung einer linearen Differenzialgleichung $Ly(x) = b(x)$ mit konstanten Koeffizienten:

- Lösung der zugehörigen homogenen Gleichung $Ly(x) = 0$ mittels Exponentialansatz und charakteristischer Gleichung.
- Bestimmen einer Lösung der inhomogenen Gleichung $Ly(x) = b(x)$.
- Darstellung der allgemeinen Lösung von $Ly(x) = b(x)$ als Linearkombination der homogenen Lösung und der zuvor ermittelten inhomogenen Lösung.
- Falls Anfangsbedingungen gegeben sind, wird jetzt zum Schluss die zugehörige Lösung berechnet.

Zum Auffinden von $y_{\text{s}}(x)$ bietet sich zunächst das Verfahren Variation der Konstanten an, das stets anwendbar ist.

6.3.1 Variation der Konstanten

Es sei L ein linearer Differenzialoperator der Ordnung n mit konstanten Koeffizienten, und $b(x)$ sei eine stetige Funktion.

Ist ein Fundamentalsystem der zugehörigen homogenen Gleichung von $Ly(x) = b(x)$ bekannt, so kann gemäß Satz 5.10 mit Hilfe des Verfahrens **Variation der Konstanten** (oder **Methode von Lagrange** genannt) eine spezielle Lösung bestimmt werden.

Beispiel 6.9

Es ist eine spezielle Lösung der Differenzialgleichung dritter Ordnung

$Ly(x) = y'''(x) - 4y'(x) = x + 1$ zu bestimmen.

Lösung: Die charakteristische Gleichung der zugehörigen homogenen Differenzialgleichung lautet $\lambda^3 - 4\lambda = 0$; sie hat die Lösungen $\lambda_1 = 0, \lambda_{2/3} = \pm 2$.
Daraus erhält man $y_1(x) = 1, y_2(x) = \mathrm{e}^{2x}, y_3(x) = \mathrm{e}^{-2x}$ als ein Basissystem.
Für die Gewinnung einer speziellen Lösung setzen wir gemäß Satz 5.10 an:

$$y_s(x) = C_1(x) + C_2(x)\mathrm{e}^{2x} + C_3(x)\mathrm{e}^{-2x} .$$

Dieser Ansatz führt auf das lineare Gleichungssystem

$$\begin{aligned} C_1'(x) + C_2'(x)\mathrm{e}^{2x} + C_3'(x)\mathrm{e}^{-2x} &= 0 \\ 2C_2'(x)\mathrm{e}^{2x} - 2C_3'(x)\mathrm{e}^{-2x} &= 0 \qquad (*) \\ 4C_2'(x)\mathrm{e}^{2x} + 4C_3'(x)\mathrm{e}^{-2x} &= x+1 \end{aligned}$$

Aus den beiden letzten Gleichungen von (*) folgt sofort

$$C_2'(x) = \frac{1}{8}(x+1)\mathrm{e}^{-2x},$$

d. h. es ist

$$\begin{aligned} C_2(x) &= \int \frac{1}{8}(x+1)\mathrm{e}^{-2x}\,\mathrm{d}x = -\frac{1}{16}(x+1)\mathrm{e}^{-2x} + \frac{1}{16}\int \mathrm{e}^{-2x}\,\mathrm{d}x \\ &= -\frac{1}{16}(x+1)\mathrm{e}^{-2x} - \frac{1}{32}\mathrm{e}^{-2x} = -\frac{1}{32}(2x+3)\mathrm{e}^{-2x}. \end{aligned}$$

Die bei der Integration auftretende Integrationskonstante ist 0 gesetzt worden, da als spezielle Lösung nur (irgend-)eine Lösung zu bestimmen ist.
Aus der zweiten Gleichung von (*) ergibt sich

$$C_3'(x) = C_2'(x)\mathrm{e}^{4x} = \frac{1}{8}(x+1)\mathrm{e}^{2x},$$

woraus ebenfalls durch Integration folgt

$$C_3(x) = \int \frac{1}{8}(x+1)\mathrm{e}^{2x}\,\mathrm{d}x = \frac{1}{16}(x+1)\mathrm{e}^{-2x} - \frac{1}{16}\int \mathrm{e}^{2x}\,\mathrm{d}x = \frac{1}{32}(2x-1)\mathrm{e}^{2x} .$$

Setzt man $C_2'(x)$ und $C_3'(x)$ in die erste Gleichung von (*) ein, so ergibt sich zunächst

$$C_1'(x) = -\frac{1}{8}(x+1) - \frac{1}{8}(x+1) = -\frac{1}{4}(x+1),$$

und damit erhält man

$$C_1'(x) = -\frac{1}{8}x^2 - \frac{1}{4}x .$$

Insgesamt haben wir also erhalten

$$y_s(x) = -\frac{1}{8}x^2 - \frac{1}{4}x - \frac{1}{32}(2x+3) + \frac{1}{32}(2x-1),$$

d. h. es ist mit

$$y_s(x) = -\frac{1}{8}x^2 - \frac{1}{4}x - \frac{1}{16}$$

eine spezielle Lösung von $Ly(x) = x + 1$ gefunden. ■

Hinweis: Enthält das dem Verfahren *Variation der Konstanten* zu Grunde gelegte Fundamentalsystem Funktionen der Form $x^k\,\mathrm{e}^{\alpha x}\cos\beta x, x^k\,\mathrm{e}^{\alpha x}\sin\beta x$, so ist es für die Rechnung bequemer, stattdessen die zugehörigen komplexen Funktionen $x^k\,\mathrm{e}^{(\alpha+\mathrm{i}\beta)x}, x^k\,\mathrm{e}^{(\alpha-\mathrm{i}\beta)x}$ zu verwenden.

Beispiel 6.10

Gegeben ist die Differenzialgleichung

$$Ly(x) = y''(x) + 4y'(x) + 29y(x) = x\,\mathrm{e}^x.$$

Man berechne die allgemeine Lösung.

Lösung: Die charakteristische Gleichung zur zugehörigen homogenen Differenzialgleichung lautet $\lambda^2 + 4\lambda + 29 = 0$ mit den Lösungen $\lambda_{1/2} = -2 \pm \mathrm{i}5$. Also ist $y_1(x) = \mathrm{e}^{-2x}\cos 5x, y_2(x) = \mathrm{e}^{-2x}\sin 5x$ ein Fundamentalsystem.
Für den Ansatz gemäß Variation der Konstanten ist es zweckmäßig statt $y_1(x), y_2(x)$ die komplexen Basisfunktionen $z_1(x) = \mathrm{e}^{(-2+\mathrm{i}5)x}, z_2(x) = \mathrm{e}^{(-2-\mathrm{i}5)x}$ zu verwenden.
Für $y_s(x)$ machen wir demnach den Ansatz

$$y_s(x) = C_1(x)\mathrm{e}^{(-2+\mathrm{i}5)x} + C_2(x)\mathrm{e}^{(-2-\mathrm{i}5)x}.$$

Dann lautet das Gleichungssystem für $C_1'(x), C_2'(x)$ wie folgt

$$\begin{aligned} C_1'(x)\mathrm{e}^{(-2+\mathrm{i}5)x} + \qquad\qquad C_2'(x)\mathrm{e}^{(-2-\mathrm{i}5)x} &= 0 \\ (-2+\mathrm{i}5)C_1'(x)\mathrm{e}^{(-2+\mathrm{i}5)x} + (-2-\mathrm{i}5)C_2'(x)\mathrm{e}^{(-2-\mathrm{i}5)x} &= x\,\mathrm{e}^x. \end{aligned}$$

Die Wronski-Determinante von $z_1(x), z_2(x)$ ist $W(x; z_1, z_2) = -10\,\mathrm{i}\mathrm{e}^{-4x}$.

Damit erhalten wir

$$C_1'(x) = -\frac{x\,\mathrm{e}^x \mathrm{e}^{(-2-\mathrm{i}5)x}}{-10\mathrm{i}\,\mathrm{e}^{-4x}} \quad \text{und} \quad C_2'(x) = \frac{x\,\mathrm{e}^x \mathrm{e}^{(-2+\mathrm{i}5)x}}{-10\mathrm{i}\,\mathrm{e}^{-4x}}.$$

Also ist

$$C_1'(x) = \frac{1}{10\mathrm{i}} x\,\mathrm{e}^{(3-\mathrm{i}5)x} \quad \text{und} \quad C_2'(x) = -\frac{1}{10\mathrm{i}} x\,\mathrm{e}^{(3+\mathrm{i}5)x}.$$

Durch Integration folgt, wobei jeweils die auftretenden Integrationskonstanten 0 gesetzt werden:

$$C_1(x) = \frac{5-\mathrm{i}3}{340} x\,\mathrm{e}^{(3-\mathrm{i}5)x} + \frac{-15-\mathrm{i}8}{5780} \mathrm{e}^{(3-\mathrm{i}5)x}$$

$$C_2(x) = \frac{5+\mathrm{i}3}{340} x\,\mathrm{e}^{(3+\mathrm{i}5)x} + \frac{-15+\mathrm{i}8}{5780} \mathrm{e}^{(3+\mathrm{i}5)x}.$$

Setzt man dies in den Ansatz für $y_s(x)$ ein, so ergibt sich

$$y_s(x) = \frac{5-\mathrm{i}3}{340} x\,\mathrm{e}^x - \frac{15+\mathrm{i}8}{5780} \mathrm{e}^x + \frac{5+\mathrm{i}3}{340} x\,\mathrm{e}^x - \frac{15-\mathrm{i}8}{5780} \mathrm{e}^x.$$

Zusammenfassen der einzelnen Terme führt zur Lösung

$$y_s(x) = \frac{1}{34} x\,\mathrm{e}^x - \frac{3}{578} \mathrm{e}^x.$$

Die allgemeine Lösung von $Ly(x) = y''(x) + 4y'(x) + 29y(x) = x\,\mathrm{e}^x$ lautet damit

$$y_{\text{allg}}(x) = C_1\,\mathrm{e}^{-2x} \cos(5x) + C_2\,\mathrm{e}^{-2x} \sin(5x) + \frac{1}{34} x\,\mathrm{e}^x - \frac{3}{578} \mathrm{e}^x$$

mit den Parametern C_1, C_2. ■

Hinweis: Die Berechnung von $C_1(x)$ in Beispiel 6.10 gestattet bereits die Ermittlung von $y_s(x)$. Da nämlich $C_1(x)$ und $C_2(x)$ konjugiert komplex zueinander sind und $y_s(x) = C_1(x)\mathrm{e}^{(-2+\mathrm{i}5)x} + C_2(x)\mathrm{e}^{(-2-\mathrm{i}5)x}$ reell ist, gilt

$$y_s(x) = 2\,\mathrm{Re}\left(C_1(x)\mathrm{e}^{(-2+\mathrm{i}5)x}\right),$$

wobei Re der Realteil einer komplexen Größe bedeutet.

6.3.2 Störgliedansätze

Das Verfahren Variation der Konstanten liefert stets eine spezielle Lösung von $Ly(x) = b(x)$. Allerdings kann der Aufwand dafür beträchtlich sein.

In vielen Fällen hilft ein **Störgliedansatz** weiter, der von der Idee ausgeht, dass es eine spezielle Lösung von ähnlicher Bauart wie die Störfunktion gibt.

Beispiel 6.11

Gesucht ist eine spezielle Lösung der Differenzialgleichung

$$y^{(4)}(x) - 3y'''(x) + 2y''(x) - y'(x) + y(x) = x^3 + 2x^2 - 1\,.$$

Lösung: Die Störfunktion $b(x) = x^3 + 2x^2 - 1$ ist ein Polynom dritten Grades. Unter der Annahme, dass es eine spezielle Lösung gibt, die ebenfalls ein Polynom dritten Grades ist, empfiehlt sich der Ansatz

$$y_s(x) = b_3x^3 + b_2x^2 + b_1x + b_0\,.$$

Einsetzen in die Differenzialgleichung ergibt

$$\begin{aligned} &-3\cdot 6b_3 + 2(6b_3x + 2b_2) - (3b_3x^2 + 2b_2x + b_1) + (b_3x^3 + b_2x^2 + b_1x + b_0) \\ &= x^3 + 2x^2 - 1. \end{aligned}$$

Durch Koeffizientenvergleich folgt

$$\begin{aligned} b_3 \qquad\qquad\qquad &= 1 \\ -3b_3 + \ b_2 \qquad\qquad &= 2 \\ 12b_3 - 2b_2 + b_1 \qquad &= 0 \\ -18b_3 + 4b_2 - b_1 + b_0 &= -1. \end{aligned}$$

Als Lösung erhalten wir $b_3 = 1, b_2 = 5, b_1 = -2, b_0 = -5$. Somit ist

$$y_s(x) = x^3 + 5x^2 - 2x - 5$$

eine spezielle Lösung der obigen Differenzialgleichung, was den Ansatz nachträglich rechtfertigt. ■

Besondere Bedeutung verdient beim Störgliedansatz der Fall, dass die Störfunktion $b(x)$ gleichzeitig Lösung der zugehörigen homogenen Differenzialgleichung $Ly(x) = 0$ ist. (Dieser Fall wird für schwingende Systeme als der Resonanzfall bezeichnet.) Im Störgliedansatz muss dann eine geeignete Potenz x^k als Faktor vorkommen.

Beispiel 6.12

Man löse die Differenzialgleichung $Ly(x) = e^{-x}$ mit $L = D^3 + D^2 - D - I$.

Lösung: Die zugehörige charakteristische Gleichung ist $\lambda^3 + \lambda^2 - \lambda - 1 = 0$ mit $\lambda_1 = 1$ als eine Lösung der Vielfachheit k_1=1. Der Störgliedansatz $y_s(x) = B\,e^x$ versagt hier, weil $y(x) = e^x$ eine Lösung der zugehörigen homogenen Gleichung ist. Jedoch ist der modifizierte Ansatz $y_s(x) = Bx\,e^x$ erfolgreich, denn Einsetzen in die Differenzialgleichung ergibt

$$(Bx + 3B)e^x + (Bx + 2B)e^x - (Bx + B)e^x - Bx\,e^x = e^x,$$

woraus sofort folgt $5Bx\,e^x = e^x$, d. h. es ist $B = \frac{1}{5}$.

Also ist mit $y_s(x) = \frac{1}{5}x\,e^x$ eine spezielle Lösung von $Ly(x) = e^{-x}$ gefunden. ■

Der folgende Satz gibt Auskunft darüber, wie die Vielfachheit der Lösung einer charakteristischen Gleichung den Faktor x^k beim Störgliedansatz beeinflusst.

Satz 6.3

Es sei $Ly(x) = a_n y^{(n)}(x) + a_{n-1}y^{(n-1)}(x) + \ldots + a_1 y'(x) + a_0 y(x) = b(x)$ eine lineare Differenzialgleichung n-ter Ordnung mit konstanten Koeffizienten.

Die Störfunktion $b(x)$ habe die Form $b(x) = p(x)e^{\alpha x}\cos\beta x + q(x)e^{\alpha x}\sin\beta x$, wobei $p(x), q(x)$ Polynome von höchstens m-tem Grade und α, β reelle Zahlen sind.

Dann gibt es eine spezielle Lösung $y_s(x)$ von $Ly(x) = b(x)$, welche die folgende Form hat:

$$y_s(x) = x^k\left(P(x)e^{\alpha x}\cos\beta x + Q(x)e^{\alpha x}\sin\beta x\right) \tag{6.6}$$

Dabei ist k die Vielfachheit von $\lambda = \alpha + i\beta$ als Lösung der charakteristischen Gleichung $\lambda^n + a_{n-1}\lambda^{n-1} + \ldots + a_1\lambda + a_0 = 0$, und $P(x), Q(x)$ sind ebenfalls Polynome von höchstens m-ten Grade.

Beispiel 6.13

Zu berechnen ist die allgemeine Lösung der folgenden Differenzialgleichung vierter Ordnung

$$Ly(x) = y^{(4)}(x) - y'''(x) - y''(x) = x^3 + x^2 - 1 .$$

Lösung: Die Störfunktion ist ein Polynom dritten Grades. Da $\lambda_1 = 0$ zweifache Lösung der charakteristischen Gleichung $\lambda^4 - \lambda^3 - \lambda^2 = 0$ ist, lautet der Störgliedansatz zur Bestimmung einer speziellen Lösung nach Satz 6.3

$$y_s(x) = x^2\left(B_3x^3 + B_2x^2 + B_1x + B_0\right).$$

Setzt man diesen Ansatz in die Differenzialgleichung ein, so erhält man

$$\begin{aligned}&(120B_3x + 24B_2) - \left(60B_3x^2 + 24B_2x + 6B_1\right)\\ &\qquad - \left(20B_3x^3 + 12B_2x^2 + 6B_1x + 2B_0\right) = x^3 + x^2 - 1.\end{aligned}$$

Dauraus folgt das lineare Gleichungssystem

$$\begin{aligned}-20B_3 &= 1\\ -60B_3 - 12B_2 &= 1\\ 120B_3 - 24B_2 - 6B_1 &= 0\\ 24B_2 - 6B_1 - 2B_0 &= -1.\end{aligned}$$

Die Lösung lautet $B_3 = -\dfrac{1}{20}, B_2 = \dfrac{1}{6}, B_1 = -\dfrac{5}{3}, B_0 = \dfrac{15}{2}$.

Also ist $y_s(x) = x^2\left(-\dfrac{1}{20}x^3 + \dfrac{1}{6}x^2 - \dfrac{5}{3}x + \dfrac{15}{2}\right)$ eine spezielle Lösung. ■

Bemerkung: Der Satz 6.3 beinhaltet die in der folgenden Tabelle aufgeführten, häufig vorkommenden Spezialfälle. CGL ist dabei die Abkürzung für charakteristische Gleichung.

Tabelle 6.2 Störgliedansätze zur Bestimmung einer speziellen Lösung von $Ly(x) = b(x)$

Störfunktion $b(x)$	**Störgliedansatz** $y_s(x)$ **Bedingung**
$b_m x^m + \ldots + b_1 x + b_0$	$B_m x^m + \ldots + B_1 x + B_0$ $\lambda = 0$ ist keine Lösung der CGL
	$x^k \left(B_m x^m + \ldots + B_1 x + B_0\right)$ $\lambda = 0$ ist k-fache Lösung der CGL
$\left(b_m x^m + \ldots + b_1 x + b_0\right) \mathrm{e}^{\alpha x}$	$\left(B_m x^m + \ldots + B_1 x + B_0\right) \mathrm{e}^{\alpha x}$ $\lambda = \alpha$ ist keine Lösung der CGL
	$x^k \left(B_m x^m + \ldots + B_1 x + B_0\right) \mathrm{e}^{\alpha x}$ $\lambda = \alpha$ ist k-fache Lösung der CGL
$b_0 \cos \beta x$	$B_0 \cos \beta x + C_0 \sin \beta x$ $\lambda = \mathrm{i}\,\beta$ ist keine Lösung der CGL
	$x^k \left(B_0 \cos \beta x + C_0 \sin \beta x\right)$ $\lambda = \mathrm{i}\,\beta$ ist keine Lösung der CGL
$c_0 \sin \beta x$	$B_0 \cos \beta x + C_0 \sin \beta x$ $\lambda = \mathrm{i}\,\beta$ ist keine Lösung der CGL
	$x^k \left(B_0 \cos \beta x + C_0 \sin \beta x\right)$ $\lambda = \mathrm{i}\,\beta$ ist k-fache Lösung der CGL
$\left(b_m x^m + \ldots + b_1 x + b_0\right) \mathrm{e}^{\alpha x} \cos \beta x$ $+ \left(c_m x^m + \ldots + c_1 x + c_0\right) \mathrm{e}^{\alpha x} \sin \beta x$	$\left(B_m x^m + \ldots + B_1 x + B_0\right) \mathrm{e}^{\alpha x} \cos \beta x$ $+ \left(C_m x^m + \ldots + C_1 x + C_0\right) \mathrm{e}^{\alpha x} \sin \beta x$ $\lambda = \alpha + \mathrm{i}\,\beta$ ist keine Lösung der CGL
	$x^k \left(B_m x^m + \ldots + B_1 x + B_0\right) \mathrm{e}^{\alpha x} \cos \beta x$ $+ \left(C_m x^m + \ldots + C_1 x + C_0\right) \mathrm{e}^{\alpha x} \sin \beta x$ $\lambda = \alpha + \mathrm{i}\,\beta$ ist k-fache Lösung der CGL

Hinweis: Ist die Störfunktion $b(x)$ beispielsweise eine Linearkombination $b(x) = b_1(x) + b_2(x)$ mit

$$b_l(x) = p_l(x)\mathrm{e}^{\alpha_l x} \cos \beta_l x + q_l(x)\mathrm{e}^{\alpha_l x} \sin \beta_l x\,; \quad l = 1,2\,,$$

so können nach dem in Satz 5.2 formulierten Superpostionsprinzip zwei Störgliedansätze $y_{s1}(x)$ und $y_{s2}(x)$ je für $b_1(x)$ und $b_2(x)$ aufgestellt werden.

6.3.3 Differenzialgleichungen zweiter Ordnung

Bei den für Anwendungen wichtigen linearen Differenzialgleichungen zweiter Ordnung mit konstanten Koeffizienten können in Satz 6.3 als Vielfachheit k von $\alpha + \mathrm{i}\beta$ nur die Werte 0, 1 oder 2 auftreten.

Beispiel 6.14

Es sei $L = D^2 + 6D + 9I$. Man bestimme mittels Störgliedansatz eine spezielle Lösung der Differenzialgleichung $Ly(x) = (x-2)\mathrm{e}^{-3x}$.

Lösung: Die charakteristische Gleichung lautet $\lambda^2 + 6\lambda + 9 = 0$ mit der Lösung $\lambda_1 = -3$, welche die Vielfachheit 2 hat. Folglich ist

$$y_s(x) = x^2(B_1 x + B_0)\mathrm{e}^{-3x}$$

der geeignete Ansatz für eine spezielle Lösung von $Ly(x) = (x-2)\mathrm{e}^{-3x}$.
Einsetzen des Störgliedansatzes in die Differenzialgleichung mit anschließendem Koeffizientenvergleich ergibt das lineare Gleichungssystem

$$\begin{aligned} 6B_1 &= 1 \\ 2B_0 &= -2. \end{aligned}$$

Also ist $y_s(x) = x^2\left(\frac{1}{6}x - 1\right)\mathrm{e}^{-3x}$ eine spezielle Lösung von $Ly(x) = (x-2)\mathrm{e}^{-3x}$. ■

Bemerkung: Wendet man das Verfahren Variation der Konstanten auf Differenzialgleichungen zweiter Ordnung mit konstanten Koeffizienten an, so erhält man als Ergebnis nach Satz 5.11 die folgende Tabelle.

Tabelle 6.3 Spezielle Lösung von $Ly(x) = y''(x) + a_1 y'(x) + a_0 y(x) = b(x)$

Lösungen von $\lambda^2 + a_1\lambda + a_0 = 0$ **mit** $d = a_1^2 - 4a_0$	**Spezielle Lösung** y_s **von** $y''(x) + a_1 y'(x) + a_0 y(x) = b(x)$
$\lambda_{1/2} = \frac{1}{2}\left(-a_1 \pm \sqrt{d}\right)$	$y_s = -e^{\lambda_1 x} \int \frac{e^{-\lambda_1 x} b(x)}{\lambda_2 - \lambda_1} dx + e^{\lambda_2 x} \int \frac{e^{-\lambda_2 x} b(x)}{\lambda_2 - \lambda_1} dx$
$\lambda_{1/2} = -\frac{a_1}{2}$	$y_s = -e^{-\frac{a_1}{2}x} \int x e^{\frac{a_1}{2}x} b(x) dx + x e^{-\frac{a_1}{2}x} \int e^{\frac{a_1}{2}x} b(x) dx$
$\lambda_{1/2} = \alpha \pm i\beta$ mit $\alpha = -\frac{a_1}{2}, \beta = \frac{1}{2}\sqrt{-d}$	$y_s = -\frac{1}{\beta} e^{\alpha x} \cos \beta x \int e^{-\alpha x} \sin \beta x \, b(x) dx + \frac{1}{\beta} e^{\alpha x} \sin \beta x \int e^{-\alpha x} \cos \beta x \, b(x) dx$

Hinweis: Auch hier kann es für die Rechnung bequemer sein, im Falle $\lambda_{1/2} = \alpha \pm i\beta$ den Ansatz in komplexer Form $y_s(x) = C_1(x) e^{(\alpha + i\beta)x} + C_2(x) e^{(\alpha - i\beta)x}$ zu machen (Siehe Abschnitt 6.3.1).

In Anwendungen spielen die Differenzialgleichungen mechanischer bzw. elektrischer Schwingungssysteme eine wesentliche Rolle. Diese werden durch Differenzialgleichungen zweiter Ordnung mit konstanten Koeffizienten beschrieben. (Siehe [2].)

Ein mechanisches Masse-Feder-Dämpfungssystem genügt der Gleichung

$$m\ddot{y}(t) + \beta\dot{y}(t) + ky(t) = F(t).$$

Dabei ist m die Masse eines an einer Feder mit der Federkonstanten k schwingenden Körpers, der durch ein Medium mit der Dämpfung β gebremst und durch eine äußere Kraft $F(t)$ angeregt wird. Die Größe $y(t)$ beschreibt die Auslenkung des Körperschwerpunkts aus der Ruhelage.

Das elektrische Analogon stellt der elektrische Schwingkreis mit dem Ohmschen Widerstand R, der Induktivität L und der Kapazität C dar. Die Ladung $q(t)$ des Kondensators genügt dann der Differenzialgleichung

$$L\ddot{q}(t) + R\dot{q}(t) + \frac{1}{C} q(t) = f(t).$$

Aufgaben

6.1 Lösen Sie die folgenden Differenzialgleichungen.

a) $y''(x) - y'(x) + y(x) = 0$

b) $y'''(x) - y(x) = 0$

6.2 Die allgemeine Lösung einer homogenen linearen Differenzialgleichung dritter Ordnung mit konstanten Koeffizienten lautet $y_{\text{hom}}(x) = C_1 \mathrm{e}^{-x} + C_2 x\mathrm{e}^{-x} + C_3 \mathrm{e}^{2x}$. Geben Sie die Differenzialgleichung an.

6.3 Begründen Sie, warum $y(x) = C_1 x + C_2 \mathrm{e}^x$ nicht als allgemeine Lösung einer homogenen Differenzialgleichung zweiter Ordnung mit konstanten Koeffizienten vorkommen kann.

6.4 Bestimmen Sie die Parameter a, b, c so, dass die Differenzialgleichung $y'''(x) + ay''(x) + by'(x) + cy(x) = 0$ die folgenden drei Funktionen $y_1(x) = \mathrm{e}^x, y_2(x) = \cos \omega x, y_3(x) = \sin \omega x$ mit $\omega \in \mathrm{R}, \omega \neq 0$ als Fundamentalsystem besitzt.

6.5 Berechnen Sie mit Hilfe des Verfahrens Variation der Konstanten eine spezielle Lösung der Differenzialgleichung $y''(x) - 2y'(x) + y(x) = \dfrac{\mathrm{e}^x}{x^2+1}$.

6.6 Man berechne eine spezielle Lösung von $y'''(x) - 2y'(x) = \cos 3x + 2\mathrm{e}^x \sin 2x$.

6.7 Es sei $L = D^4 + 2aD^2 + a^2 I$ mit $a > 0$. Geben Sie die allgemeine Lösung der Differenzialgleichung $Ly(x) = b_2 x^2 + b_1 x + b_0$ an.

6.8 Man berechne die allgemeine Lösung von
$4y''(x) - 12y'(x) + 9y(x) = 196\mathrm{e}^{-2x}$.
Wie lautet die spezielle Lösung mit $y(0) = 2, y'(0) = 0$?

6.9 Geben Sie für die folgenden Differenzialgleichungen jeweils den Störgliedansatz zur Bestimmung einer speziellen Lösung an.

a) $y'''(x) - 2y'(x) = x^2 + \mathrm{e}^{2x} + \cos 3x + 2\mathrm{e}^x \sin 2x$

b) $4y''(x) - 12y'(x) + 9y(x) = 196\mathrm{e}^{-2x} + x\,\mathrm{e}^{\frac{3}{2}x}$

c) $y^{(4)}(x) - 2y''(x) + y(x) = x^2 + \mathrm{e}^{2x} + (x+1)\cos x$

d) $y'''(x) + y''(x) - y'(x) - y(x) = (3x^2 + 1)\mathrm{e}^{-x}$

6.10 Bestimmen Sie eine Differenzialgleichung, zu welcher die Funktion $y(x) = C_1\,\mathrm{e}^{-x} \cos 3x + C_2\,\mathrm{e}^{-x} \sin 3x + x^2 - \mathrm{e}^{-x} + \cos 3x$; C_1, C_2 Parameter allgemeine Lösung ist.

7 Systeme linearer Differenzialgleichungen mit konstanten Koeffizienten

Oftmals treten in der Praxis Systeme von linearen Differenzialgleichungen mit konstanten Koeffizienten auf, zum Beispiel bei gekoppelten Schwingungen elektrischer oder mechanischer Art.

Systeme, bei denen die einzelnen Differenzialgleichungen von erster Ordnung sind, wurden bereits in Abschnitt 1.2 angegeben. In diesem Kapitel werden solche Systeme behandelt, bei denen die vorkommenden Differenzialgleichungen linear sind und zudem konstante Koeffizienten haben.

Zunächst wird nochmals definiert, was man generell unter einem System von Differenzialgleichungen versteht.

Definition 7.1

Ein **Differenzialgleichungssystem** für m stetig differenzierbare Funktionen $y_1(x),\ y_2(x),\ \ldots, y_m(x),\ x \in I \subseteq \mathbf{R}$ hat die Gestalt

$$\begin{aligned}
&F_1\left(x, y_1(x), y_1'(x),\ldots, y_2(x), y_2'(x)\ldots, y_m(x), y_m'(x),\ldots\right) = 0\\
&F_2\left(x, y_1(x), y_1'(x),\ldots, y_2(x), y_2'(x)\ldots, y_m(x), y_m'(x),\ldots\right) = 0\\
&\quad\vdots \qquad\qquad \vdots\\
&F_k\left(x, y_1(x), y_1'(x),\ldots, y_2(x), y_2'(x)\ldots, y_m(x), y_m'(x),\ldots\right) = 0
\end{aligned}$$

Dabei wird das folgende Lösungsgebiet betrachtet

$$B = \left\{(x, y_1, y_2, \ldots, y_m),\ x \in I \subseteq \mathbf{R},\ y_i \in J_i \subseteq \mathbf{R} \text{ für } i = 1, 2, \ldots, m\right\}.$$

Die Ordnung n_i der i-ten Gleichung ist die höchste in dieser Gleichung vorkommende Ableitung; die höchste überhaupt vorkommende Ableitung n heißt die **Ordnung des Systems**.

Durch vektorielle Zusammenfassung

$$\boldsymbol{y}(x) = \begin{pmatrix} y_1(x) \\ y_2(x) \\ \vdots \\ y_m(x) \end{pmatrix},\ \boldsymbol{y}'(x) = \begin{pmatrix} y_1'(x) \\ y_2'(x) \\ \vdots \\ y_m'(x) \end{pmatrix}, \ldots, \boldsymbol{0} = \begin{pmatrix} 0 \\ 0 \\ \vdots \\ 0 \end{pmatrix}$$

$$\boldsymbol{F}(x, \boldsymbol{y}(x), \dots) = \begin{pmatrix} F_1\,(x, y_1(x), y_1'(x), \dots, y_2(x), y_2'(x), \dots, y_m(x), y_m'(x), \dots) \\ F_2\,(x, y_1(x), y_1'(x), \dots, y_2(x), y_2'(x), \dots, y_m(x), y_m'(x), \dots) \\ \vdots \qquad\qquad \vdots \\ F_k\,(x, y_1(x), y_1'(x), \dots, y_2(x), y_2'(x), \dots, y_m(x), y_m'(x), \dots) \end{pmatrix}$$

lässt sich ähnlich wie in Abschnitt 1.2 das System in der kompakten Form

$$\boldsymbol{F}\left(x, \boldsymbol{y}(x), \boldsymbol{y}'(x), \dots, \boldsymbol{y}^{(n)}(x)\right) = \boldsymbol{0}$$

schreiben.

Bei einem Anfangswertproblem werden zusätzlich die m Funktionswerte $y_1(x), y_2(x), \dots, y_m(x)$ und gegebenenfalls auch Ableitungswerte an einer Stelle $x_0 \in I$ vorgeschrieben, d. h. man hat noch folgende Vektoren von Anfangswerten gegeben

$$\boldsymbol{y}(x_0) = \begin{pmatrix} y_{10} \\ y_{20} \\ \vdots \\ y_{m0} \end{pmatrix}, \quad \boldsymbol{y}'(x_0) = \begin{pmatrix} y_{10}' \\ y_{20}' \\ \vdots \\ y_{m0}' \end{pmatrix}, \dots$$

Beispiel 7.1

Das folgende System von Differenzialgleichungen ist von dritter Ordnung mit zusätzlich vorgegebenen Anfangsbedingungen.

$$y_1'''(x) = 2x - y_1(x) - y_2(x) - 3y_1'(x)^2 \sin(y_2'(x))$$

$$y_2'''(x) = y_2''(x) - y_1'(x) + \mathrm{e}^{y_1(x)}$$

$$y_1(1) = 2, y_1'(1) = -2, y_1''(1) = 1, \; y_2(1) = 3, y_2'(1) = 0, y_2''(1) = 5.$$

In Vektorschreibweise lautet das System

$$\begin{pmatrix} y_1'''(x) - 2x + y_1(x) + y_2(x) + 3y_1'(x)^2 \sin(y_2'(x)) \\ y_2'''(x) - y_2''(x) + y_1'(x) - \mathrm{e}^{y_1(x)} \end{pmatrix} = \begin{pmatrix} 0 \\ 0 \end{pmatrix},$$

$$\boldsymbol{y}(1) = \begin{pmatrix} 2 \\ 3 \end{pmatrix}, \boldsymbol{y}'(1) = \begin{pmatrix} -2 \\ 0 \end{pmatrix}, \boldsymbol{y}''(1) = \begin{pmatrix} 1 \\ 5 \end{pmatrix}. \quad \blacksquare$$

7.1 Explizite Systeme erster Ordnung

Zunächst werden solche Systeme erster Ordnung betrachtet, die linear mit konstanten Koeffizienten sind und bei denen nach den ersten Ableitungen aufgelöst ist, die also explizit sind.

Definition 7.2

Ein **homogenes System von** expliziten linearen **Differenzialgleichungen erster Ordnung** mit konstanten Koeffizienten für n stetig differenzierbare Funktionen $y_1(x),\ y_2(x),\ \ldots, y_n(x), x \in I \subseteq \mathbf{R}$ hat die Form

$$\begin{aligned}
y_1'(x) &= \sum_{k=1}^{n} a_{1k}\, y_k(x) = a_{11}\, y_1(x) + a_{12} y_2(x) + \ldots + a_{1n}\, y_n(x) \\
y_2'(x) &= \sum_{k=1}^{n} a_{2k}\, y_k(x) = a_{21}\, y_1(x) + a_{22} y_2(x) + \ldots + a_{2n}\, y_n(x) \\
&\ \,\vdots \qquad\qquad \vdots \\
y_n'(x) &= \sum_{k=1}^{n} a_{nk}\, y_k(x) = a_{n11}\, y_1(x) + a_{n2} y_2(x) + \ldots + a_{nn}\, y_n(x)
\end{aligned} \tag{7.1}$$

Dabei ist n eine natürliche Zahl größer 1 und die Koeffizienten $a_{ij}\,,\, i, j = 1, 2, \ldots, n$ sind reelle Zahlen.

Beispiel 7.2

Gegeben ist das folgende System von zwei Differenzialgleichungen

(1) $y_1'(x) = 2y_1(x) + 4y_2(x)$

(2) $y_2'(x) = \ y_1(x) - \ y_2(x)$

Man berechne die Lösungsfunktionen $y_1(x),\ y_2(x)$.

Lösung: Aus (2) folgt die Gleichung $y_1(x) = y_2'(x) + y_2(x)$ und daraus durch Differenzieren

$$y_1'(x) = y_2''(x) + y_2'(x).$$

Setzt man die Gleichungen für $y_1(x)$ und $y_1'(x)$ in die Gleichung (1) ein, so erhält man eine Differenzialgleichung, in der nur noch die Funktion $y_2(x)$ und ihre Ableitungen vorkommen:

$$y_2''(x) + y_2'(x) = 2y_2'(x) + 2y_2(x) + 4y_2(x),$$

d. h. es ergibt sich

$$y_2''(x) - y_2'(x) - 6y_2(x) = 0\,.$$

Mit den Methoden aus Kapitel 6 lautet die Lösung:

$$y_2(x) = C_1 \mathrm{e}^{-2x} + C_2 \mathrm{e}^{3x}\,; \quad C_1, C_2 \text{ freie Parameter.}$$

Daraus erhält man mit $y_1(x) = y_2'(x) + y_2(x)$:

$y_1(x) = -C_1 \mathrm{e}^{-2x} + 4C_2 \mathrm{e}^{3x}$; mit denselben freien Parametern C_1, C_2 wie bei der Lösungskomponente $y_2(x)$. ■

Definition 7.3

Werden zu den rechten Seiten des Systems (7.1) in Definition 7.2 noch jeweils Funktionen $b_1(x), b_2(x), \ldots, b_n(x)$ addiert, von denen mindestens eine ungleich der Nullfunktion ist, so spricht man von einem **inhomogenen** System:

$$\begin{aligned}
y_1'(x) &= \sum_{k=1}^{n} a_{1k}\, y_k(x) + b_1(x) = a_{11}\, y_1(x) + a_{12}\, y_2(x) + \ldots + a_{1n}\, y_n(x) + b_1(x) \\
y_2'(x) &= \sum_{k=1}^{n} a_{2k}\, y_k(x) + b_2(x) = a_{21}\, y_1(x) + a_{22}\, y_2(x) + \ldots + a_{2n}\, y_n(x) + b_2(x) \\
&\vdots \\
y_n'(x) &= \sum_{k=1}^{n} a_{nk}\, y_k(x) + b_n(x) = a_{n1}\, y_1(x) + a_{n2}\, y_2(x) + \ldots + a_{nn}\, y_n(x) + b_n(x)
\end{aligned} \tag{7.2}$$

Beispiel 7.3

Man löse das folgende inhomogene System von zwei Differenzialgleichungen:

(1) $y_1'(x) = 2y_1(x) + 4y_2(x) + x$

(2) $y_2'(x) = y_1(x) - y_2(x) + x^2 + 1\,.$

Lösung: Mit denselben Umformungen wie in Beispiel 7.2 ergibt sich für $y_2(x)$ die Differenzialgleichung

$$y_2''(x) - y_2'(x) - 6y_2(x) = -2x^2 + 3x - 2.$$

Durch Anwenden der Methoden aus Kapitel 6 lautet die Lösung

$$y_2(x) = C_1 \mathrm{e}^{-2x} + C_2 \mathrm{e}^{3x} + \frac{1}{3}x^2 - \frac{11}{18}x + \frac{59}{108}, \quad C_1, C_2 \text{ freie Parameter.}$$

Für $y_1(x)$ erhält man wegen $y_1(x) = -y_2'(x) - y_2(x) + x^2 + 1$ als Lösungsfunktion

$$y_1(x) = -C_1 \mathrm{e}^{-2x} + 4C_2 \mathrm{e}^{3x} - \frac{2}{3}x^2 + \frac{1}{18}x - \frac{115}{108};$$ mit denselben freien Parametern C_1, C_2 wie bei der Lösungskomponente $y_2(x)$. ■

Aus Gründen der Übersichtlichkeit ist es zweckmäßig, das System aus Definition 7.2 bzw. Definition 7.3 in Matrizenform zu schreiben. Zudem ist dann die Analogie zu linearen Differenzialgleichungen mit konstanten Koeffizienten offensichtlich.

Beispiel 7.4

Man schreibe das System aus Beispiel 7.3 in Matrizenform.

Lösung: Es ist $\boldsymbol{y}'(x) = \begin{pmatrix} 2 & 4 \\ 1 & -1 \end{pmatrix} \boldsymbol{y}(x) + \begin{pmatrix} x \\ x^2 + 1 \end{pmatrix}$. ■

Satz 7.1

Ein explizites inhomogenes System von linearen Differenzialgleichungen der Form (7.2) kann stets wie folgt in Matrix-Vektor-Notation geschrieben werden:

$$\boldsymbol{y}'(x) = \boldsymbol{A}\,\boldsymbol{y}(x) + \boldsymbol{b}(x) \tag{7.3}$$

Dabei bedeuten $\boldsymbol{y}(x), \boldsymbol{y}'(x), \boldsymbol{b}(x)$ die folgenden Vektoren

$$\boldsymbol{y}(x) = \begin{pmatrix} y_1(x) \\ y_2(x) \\ \vdots \\ y_m(x) \end{pmatrix}, \quad \boldsymbol{y}'(x) = \begin{pmatrix} y_1'(x) \\ y_2'(x) \\ \vdots \\ y_m'(x) \end{pmatrix} \quad \text{sowie } \boldsymbol{b}(x) = \begin{pmatrix} b_1(x) \\ b_2(x) \\ \vdots \\ b_n(x) \end{pmatrix};$$

$$\boldsymbol{A} = \begin{pmatrix} a_{11} & a_{12} & \cdots & a_{1n} \\ a_{21} & a_{22} & \vdots & a_{2n} \\ \vdots & \vdots & \vdots & \vdots \\ a_{n1} & a_{n2} & \cdots & a_{nn} \end{pmatrix}$$ ist eine quadratische, n-reihige Matrix mit Koeffizienten $a_{ij} \in \mathbf{R}$.

Bemerkung: Das System (7.3) heißt **homogen**, falls gilt: $\boldsymbol{b}(x)=\boldsymbol{0}=\begin{pmatrix}0\\0\\\vdots\\0\end{pmatrix}$,

ansonsten nennt man das System **inhomogen**.

Beispiel 7.5

Man schreibe das folgende System gemäß Satz 7.1 in Matrix-Vektor-Notation.

$$\begin{aligned}
&y_1'(x)-y_1(x)+y_3(x)=\mathrm{e}^x\\
&y_2'(x)+y_1(x)+y_2(x)=\sin 2x\\
&y_3'(x)-y_1(x)+y_2(x)+y_3(x)=\cos 2x
\end{aligned}$$

Lösung: Man schreibt das Differenzialgleichungssystem zunächst in der expliziten Form

$$\begin{aligned}
&y_1'(x)=y_1(x)-y_3(x)+\mathrm{e}^x\\
&y_2'(x)=-y_1(x)-y_2(x)+\sin 2x\\
&y_3'(x)=y_1(x)-y_2(x)-y_3(x)+\cos 2x\,.
\end{aligned}$$

In Matrix-Vektor-Notation lautet somit das obige System

$$\boldsymbol{y}'(x)=\begin{pmatrix}1&0&-1\\-1&-1&0\\1&-1&-1\end{pmatrix}\boldsymbol{y}(x)+\begin{pmatrix}\mathrm{e}^x\\\sin 2x\\\cos 2x\end{pmatrix}.\ ■$$

In Anwendungen treten Systeme erster Ordnung auf, welche folgende Form haben

$$\begin{aligned}
&c_{11}\,y_1'(x)+c_{12}\,y_2'(x)+\ldots+c_{1n}\,y_n'(x)=a_{11}\,y_1(x)+a_{12}\,y_2(x)+\ldots+a_{1n}\,y_n(x)+b_1(x)\\
&c_{21}\,y_1'(x)+c_{22}\,y_2'(x)+\ldots+c_{2n}\,y_n'(x)=a_{21}\,y_1(x)+a_{22}\,y_2(x)+\ldots+a_{2n}\,y_n(x)+b_2(x)\\
&\quad\vdots\qquad\qquad\quad\vdots\\
&c_{n1}\,y_1'(x)+c_{n2}\,y_2'(x)+\ldots+c_{nn}\,y_n'(x)=a_{n1}\,y_1(x)+a_{n2}\,y_2(x)+\ldots+a_{nn}\,y_n(x)+b_n(x)
\end{aligned}$$

Die Darstellung in Matrix-Vektor-Notation lautet

$\boldsymbol{C}\,\boldsymbol{y}'(x)=\boldsymbol{A}\,\boldsymbol{y}(x)+\boldsymbol{b}(x)$, mit quadratischen, n-reihigen Matrizen $\boldsymbol{A}$, $\boldsymbol{C}$.

Für solche Systeme kann man die explizite Form gewinnen, wenn $\boldsymbol{C}$ eine reguläre Matrix ist.

Satz 7.2

Sei $\boldsymbol{C}\,\boldsymbol{y}'(x) = \boldsymbol{A}\,\boldsymbol{y}(x) + \boldsymbol{b}(x)$ ein System von linearen Differenzialgleichungen erster Ordnung mit quadratischen, n-reihigen Matrizen $\boldsymbol{A}$, $\boldsymbol{C}$. Ist die Determinante von **C** ungleich 0, so erhält man durch Multiplikation mit $\boldsymbol{C}^{-1}$ ein dazu äquivalentes explizites lineares System von Differenzialgleichungen in der Gestalt

$$\boldsymbol{y}'(x) = \boldsymbol{C}^{-1}\boldsymbol{A}\,\boldsymbol{y}(x) + \boldsymbol{C}^{-1}\,\boldsymbol{b}(x) \tag{7.4}$$

Beispiel 7.6

Man überführe das folgende System von Differenzialgleichungen in die in Satz 7.2 aufgeführte Form (7.4).

$$\begin{aligned} y_1'(x) - y_3'(x) &= y_1(x) - y_3(x) + \mathrm{e}^x \\ 3y_1'(x) + y_2'(x) - 3y_3'(x) &= -y_1(x) - y_2(x) + \sin 2x \\ y_1'(x) + 2y_2'(x) - 2y_3'(x) &= y_1(x) - y_2(x) - y_3(x) + \cos 2x \end{aligned} \quad .$$

Lösung: Es ist $\boldsymbol{C} = \begin{pmatrix} 1 & 0 & -1 \\ 3 & 1 & -3 \\ 1 & 2 & -2 \end{pmatrix}$, $\boldsymbol{A} = \begin{pmatrix} 1 & 0 & -1 \\ -1 & -1 & 0 \\ 1 & -1 & -1 \end{pmatrix}$, $\boldsymbol{b} = \begin{pmatrix} \mathrm{e}^x \\ \sin 2x \\ \cos 2x \end{pmatrix}$.

Mit $\boldsymbol{C}^{-1} = \begin{pmatrix} -4 & 2 & -1 \\ -3 & 1 & 0 \\ -5 & 2 & 1 \end{pmatrix}$ folgt dann

$$\boldsymbol{y}'(x) = \begin{pmatrix} -7 & -1 & 3 \\ -4 & -1 & 3 \\ -6 & -3 & 4 \end{pmatrix} \boldsymbol{y}(x) + \begin{pmatrix} -4\mathrm{e}^x + 2\sin 2x - \cos 2x \\ -3\mathrm{e}^x + \sin 2x \\ -5\mathrm{e}^x - 3\sin 2x + 4\cos 2x \end{pmatrix}. \quad \blacksquare$$

7.2 Lösungsverfahren durch Elimination

Bei diesem Verfahren wird, wie bereits an Hand von Beispiel 7.1 demonstriert, das Gaußsche Eliminationsverfahren angewandt mit „**Differenzieren einer Gleichung nach *x***“ als zusätzlicher elementarer Umformung.
Damit ist es möglich, eine der unbekannten Funktionen zu eliminieren, so dass ein System von $n-1$ Differenzialgleichungen übrig bleibt.

Bei diesem neuen linearen System mit einer unbekannten Funktion weniger wird entsprechend verfahren, bis man schließlich bei einer einzigen linearen Differenzialgleichung mit konstanten Koeffizienten von höchstens n-ter Ordnung angekommen ist, in der nur noch eine der unbekannten Funktionen vorkommt. Diese Gleichung kann mit der Methode aus Kapitel 6 gelöst werden.

Aus der Lösung dieser Gleichung werden schließlich die übrigen Lösungsfunktionen Schritt für Schritt berechnet.

Die einzelnen Schritte des Verfahrens sind also:

- Elimination einer der unbekannten Funktionen, wobei „**Differenzieren einer Gleichung nach *x***“ als zusätzliche Umformung neben den üblichen elementaren Umformungen des Gaußschen Algorithmus verwendet wird. Wiederholung der Elimination solange, bis eine Differenzialgleichung entsteht, welche nur noch eine der gesuchten Funktionen enthält.
- Lösen dieser Differenzialgleichung, die höchstens von n-ter Ordnung ist, mit den Methoden aus Kapitel 6.
- Aus dieser Lösung werden die restlichen Lösungsfunktionen schrittweise berechnet.

Zumindest das Ergebnis des ersten Eliminationsschrittes dieses Verfahrens wird im folgenden Satz formuliert:

Satz 7.3

Gegeben sei das System

$$y_1'(x)=\sum_{k=1}^{n} a_{1k}\, y_k(x)+b_1(x)=a_{11}\, y_1(x)+a_{12}\, y_2(x)+\ldots+a_{1n}\, y_n(x)+b_1(x)$$

$$y_2'(x)=\sum_{k=1}^{n} a_{2k}\, y_k(x)+b_2(x)=a_{21}\, y_1(x)+a_{22}\, y_2(x)+\ldots+a_{2n}\, y_n(x)+b_2(x)$$

$$\vdots \qquad \vdots$$

$$y_n'(x)=\sum_{k=1}^{n} a_{nk}\, y_k(x)+b_n(x)=a_{n1}\, y_1(x)+a_{n2}\, y_2(x)+\ldots+a_{nn}\, y_n(x)+b_n(x)$$

Gilt nun $a_{21} \neq 0$, was gegebenfalls durch Vertauschen von Gleichungen erreichbar ist, so kann in den restlichen Gleichungen $y_1(x)$ durch

$$y_1(x) = \frac{1}{a_{21}}\left(y_2'(x) - a_{22}\,y_2(x) - \ldots - a_{2n}\,y_n(x) - b_2(x)\right)$$

ersetzt werden. Zudem wird $y_1'(x)$ in der ersten Gleichung durch

$$y_1'(x) = \frac{1}{a_{21}}\left(y_2''(x) - a_{22}\,y_2'(x) - \ldots - a_{2n}\,y_n'(x) - b_2'(x)\right)$$

ersetzt. Das neue System von Differenzialgleichungen hat dann die Form

$$\begin{aligned}
&y_2''(x) - (a_{11} + a_{22})y_2'(x) - \sum_{k=3}^{n} a_{2k}y_k'(x) = a_{22}^* y_2(x) + \ldots + a_{2n}^* y_n(x) + b_2^*(x)\\
&-a_{31}y_2'(x) + a_{21}y_3'(x) = a_{32}^* y_2(x) + \ldots + a_{3n}^* y_n(x) + b_3^*(x)\\
&-a_{41}y_2'(x) + a_{21}y_4'(x) = a_{42}^* y_2(x) + \ldots + a_{4n}^* y_n(x) + b_4^*(x)\\
&\qquad\vdots \qquad\qquad\qquad\qquad\qquad \vdots\\
&-a_{n1}y_2'(x) + a_{21}y_n'(x) = a_{n2}^* y_2(x) + \ldots + a_{nn}^* y_n(x) + b_n^*(x)
\end{aligned}$$

mit reellen Zahlen $a_{22}^*, a_{23}^*, \ldots, a_{nn}^*$ und Störfunktionen $b_2^*(x), b_3^*, \ldots, b_n^*(x)$, die sich durch die Elimination von $y_1(x)$ aus den alten Störfunktionen ergeben.

An folgendem Beispiel wird die Vorgehensweise beim Eliminationsverfahren verdeutlicht.

Beispiel 7.7

Man löse mit Hilfe des Eliminationsverfahrens das folgende System von Differenzialgleichungen:

$$\begin{aligned}
y_1'(x) &= y_3(x) - \mathrm{e}^{-x}\\
y_2'(x) &= y_3(x) + 1\\
y_3'(x) &= y_1(x) + x
\end{aligned}$$

Lösung: Aus der dritten Gleichung folgt $y_1(x) = y_3'(x) - x$, und daraus durch Differenzieren $y_1'(x) = y_3''(x) - 1$. Setzt man dies in die erste Gleichung des Systems ein, ergibt sich eine lineare Differenzialgleichung zweiter Ordnung nur für $y_3(x)$:

$$y_3''(x) - y_3(x) = 1 - \mathrm{e}^{-2x}.$$

Mit den Methoden aus Kapitel 6 lautet die Lösung dieser Gleichung

$$y_3(x) = C_1\,\mathrm{e}^{x} + C_2\,\mathrm{e}^{-x} + 1 - \frac{4}{3}\mathrm{e}^{-2x};\ C_1, C_2 \text{ als freie Parameter.}$$

Daraus folgt sofort für die restlichen Lösungskomponenten:

$$y_1(x) = y_3'(x) - x = C_1\,\mathrm{e}^{x} - C_2\,\mathrm{e}^{-x} - x + \frac{8}{3}\mathrm{e}^{-2x}$$

$$\begin{aligned} y_3(x) &= \int\left(C_1\,\mathrm{e}^{x} + C_2\,\mathrm{e}^{-x} + 1 - \frac{4}{3}\mathrm{e}^{-2x}\right)\mathrm{d}x \\ &= C_1\,\mathrm{e}^{x} - C_2\,\mathrm{e}^{-x} + C_3 + x + \frac{2}{3}\mathrm{e}^{-2x} \end{aligned}$$

mit C_1, C_2, C_3 als freie Parameter. ■

Bemerkung: Speziell bei zwei Differenzialgleichungen

$$y_1'(x) = a_{11}y_1(x) + a_{12}y_2(x) + b_1(x)$$

$$y_2'(x) = a_{21}y_1(x) + a_{22}y_2(x) + b_2(x)$$

erhält man für $a_{21} \neq 0$ durch Eliminieren von $y_1(x)$ eine Differenzialgleichung für $y_2(x)$, welche die Ordnung 2 hat:

$$y_2''(x) - (a_{11} + a_{22})y_2'(x) + (a_{11}a_{22} - a_{12}a_{21})y_2(x) = a_{21}b_1(x) - a_{11}b_2(x) + b_2'(x) \qquad (7.5)$$

Mit den Methoden aus Kapitel 5 lässt sich diese Differenzialgleichung lösen.

Hinweis: a) Für den Fall, dass $a_{21} = 0$ sein sollte, wird $y_2(x)$ an Stelle von $y_1(x)$ eliminiert, und man erhält:

$$y_1''(x) - (a_{12} + a_{21})y_1'(x) + (a_{12}a_{21} - a_{11}a_{22})y_1(x) = a_{11}b_2(x) - a_{21}b_1(x) + b_1'(x) \qquad (7.6)$$

b) Die Formeln (7.5) und (7.6) sind sehr hilfreich bei Systemen mit zwei Gleichungen, wie folgendes Beispiel zeigt.

Beispiel 7.8

Gegeben sei das folgende System
$$\begin{aligned} y_1'(x) &= 2y_1(x) + 3y_2(x) + x\mathrm{e}^{-2x} \\ y_2'(x) &= 3y_1(x) + 4y_2(x) + x + \sin 3x \end{aligned}$$

von zwei Differenzialgleichungen 1. Ordnung. Eliminieren Sie eine der gesuchten Funktionen $y_1(x), y_2(x)$ so dass sich eine Differenzialgleichung 2. Ordnung für die andere Funktion ergibt.

Lösung: Mit $a_{11} = 2, a_{12} = 3, a_{21} = 3, a_{22} = 4$ und $b_1(x) = x\mathrm{e}^{-2x}$, $b_2(x) = \sin 3x + x$ ergibt sich gemäß (7.5) als Differenzialgleichung für $y_2(x)$ sofort

$$y_2''(x) - 6y_2'(x) - y_2(x) = 3x\mathrm{e}^{-2x} + \sin 3x - 2x + 1\,. \quad \blacksquare$$

7.3 Lösungsverfahren mit Exponentialansatz

Zur Lösung des Systems $\boldsymbol{y}'(x) = \boldsymbol{A}\,\boldsymbol{y}(x) + \boldsymbol{b}(x)$ geht man analog vor wie bei einer linearen Differenzialgleichung mit konstanten Koeffizienten:

- Man löst zuerst das zugehörige homogene System $\boldsymbol{y}'(x) = \boldsymbol{A}\,\boldsymbol{y}(x)$.
- Man ermittelt eine *partikuläre* oder *spezielle* Lösung des inhomogenen Systems $\boldsymbol{y}'(x) = \boldsymbol{A}\,\boldsymbol{y}(x) + \boldsymbol{b}(x)$. Dazu kann ein *Störgliedansatz* gemäß Kapitel 6 oder das Verfahren *Variation der Konstanten* verwendet werden.

7.3.1 Lösung des homogenen Systems

Um die allgemeine Lösung des homogenen Systems

$$\boldsymbol{y}'(x) = \boldsymbol{A}\,\boldsymbol{y}(x) \tag{7.7}$$

mit einer quadratischen, n-reihigen Matrix $\boldsymbol{A}$ zu berechnen, macht man wie in Kapitel 6 einen **Exponentialansatz** diesmal für die Vektorfunktion $\boldsymbol{y}(x)$:

$$\boldsymbol{y}(x) = \boldsymbol{r}\,\mathrm{e}^{\lambda x} \tag{7.8}$$

mit einem Vektor $\boldsymbol{r} \in \mathbf{R}^n$. Einsetzen dieses Ansatzes in die Systemgleichung $\boldsymbol{y}'(x) = \boldsymbol{A}\,\boldsymbol{y}(x)$ ergibt nun

$$\boldsymbol{r}\lambda\mathrm{e}^{\lambda x} = \boldsymbol{A}\,\boldsymbol{r}\,\mathrm{e}^{\lambda x}\,.$$

Daraus folgt wegen $\mathrm{e}^{\lambda x} \neq 0$ sofort

$$\lambda\boldsymbol{r} = \boldsymbol{A}\,\boldsymbol{r} \quad \text{bzw.} \quad (\boldsymbol{A} - \lambda\boldsymbol{E})\boldsymbol{r} = \boldsymbol{0} \tag{7.9}$$

Somit ist also λ ein Eigenwert der Matrix $\boldsymbol{A}$, und $\boldsymbol{r}$ ist ein Eigenvektor zum Eigenwert λ.

Aus der Linearen Algebra ist bekannt, dass die Eigenwerte λ genau die Lösungen der charakteristischen Gleichung

$$\det(\boldsymbol{A} - \lambda \boldsymbol{E}) = 0$$

sind, wobei $\boldsymbol{E}$ die quadratische, n-reihige Einheitsmatrix und $\det(\boldsymbol{A} - \lambda \boldsymbol{E})$ die Determinante bedeutet. Die zugehörigen Eigenvektoren sind dann entsprechend (7.9) jeweils die Lösungen von $(\boldsymbol{A} - \lambda \boldsymbol{E})\boldsymbol{r} = 0$.

Gibt es n paarweise verschiedene Eigenwerte $\lambda_1, \lambda_2, \ldots, \lambda_n$, so gibt es auch n linear unabhängige Eigenvektoren $\boldsymbol{r}_1, \boldsymbol{r}_2, \ldots, \boldsymbol{r}_n$. Somit lautet in diesem Falle die allgemeine Lösung von (7.7)

$$\boldsymbol{y}_{\text{hom}}(x) = C_1 \boldsymbol{y}_1(x) + \cdots + C_n \boldsymbol{y}_n(x) = C_1 \boldsymbol{r}_1 \mathrm{e}^{\lambda_1 x} + C_2 \boldsymbol{r}_2 \mathrm{e}^{\lambda_2 x} + \cdots + C_n \boldsymbol{r}_n \mathrm{e}^{\lambda_n x}$$

mit den freien Parametern $C_1, C_2, \ldots, C_n$.

Tritt ein Eigenwert, beispielsweise λ_1, mehrfach mit der Vielfachheit k auf, so ist es erforderlich, falls es weniger als k linear unabhängige Eigenvektoren zum Eigenwert λ_1 gibt, den modifizierten Ansatz

$$\boldsymbol{y}(x) = \begin{pmatrix} c_{10} + c_{11}x + c_{12}x^2 + \ldots + c_{1,k-1}x^{k-1} \\ c_{20} + c_{21}x + c_{22}x^2 + \ldots + c_{2,k-1}x^{k-1} \\ \vdots \\ c_{n0} + c_{n1}x + c_{n2}x^2 + \ldots + c_{n,k-1}x^{k-1} \end{pmatrix} \mathrm{e}^{\lambda_1 x}$$

mit unbestimmten Koeffizienten c_{ij} zu verwenden und diese Koeffizienten $c_{10}, c_{11}, \ldots, c_{n,k-1}$ durch Einsetzen in die Systemgleichung (7.7) und dann weitgehend durch Koeffizientenvergleich zu ermitteln. Dieser modifizierte Ansatz führt dann zu den Lösungen $\boldsymbol{y}_{11}(x)\mathrm{e}^{\lambda x}, \boldsymbol{y}_{12}(x)\mathrm{e}^{\lambda x}, \ldots, \boldsymbol{y}_{1k}(x)\mathrm{e}^{\lambda x}$.

Im nachfolgenden Satz sind die Ergebnisse festgehalten:

Satz 7.4

Gegeben sei das homogene System von linearen Differenzialgleichungen mit konstanten Koeffizienten

$$\boldsymbol{y}'(x) = \boldsymbol{A}\,\boldsymbol{y}(x),$$

wobei $\boldsymbol{y}(x)=\begin{pmatrix} y_1(x) \\ y_2(x) \\ \vdots \\ y_n(x) \end{pmatrix}$, $\boldsymbol{y}'(x)=\begin{pmatrix} y_1'(x) \\ y_2'(x) \\ \vdots \\ y_n'(x) \end{pmatrix}$ sowie $\boldsymbol{A}=\begin{pmatrix} a_{11} & a_{12} & \cdots & a_{1n} \\ a_{21} & a_{22} & \vdots & a_{2n} \\ \vdots & \vdots & \vdots & \vdots \\ a_{n1} & a_{n2} & \cdots & a_{nn} \end{pmatrix}$ eine quadratische, n-reihige Matrix mit reellen Koeffizienten ist.

Dann gelten die folgenden Aussagen:

- Die allgemeine Lösung $\boldsymbol{y}_{\text{hom}}(x)$ des homogenen Systems $\boldsymbol{y}'(x)=\boldsymbol{A}\,\boldsymbol{y}(x)$ ergibt sich als Linearkombination der verschiedenen modifizierten Exponentialansätze $\boldsymbol{y}_i(x)=\sum_{j=0}^{k_i-1}\boldsymbol{c}_{ij}x^j\,\mathrm{e}^{\lambda_i x}$, wobei λ_i die Eigenwerte von $\boldsymbol{A}$ mit der Vielfachheit k_i bedeuten und $\boldsymbol{c}_{ij}=\begin{pmatrix} c_{i,1j} \\ c_{i,2j} \\ \vdots \\ c_{i,nj} \end{pmatrix}$ ist.
- Hat insbesondere $\boldsymbol{A}$ n paarweise voneinander verschiedene Eigenwerte $\lambda_1,\lambda_2,\ldots,\lambda_n$, so ist die Lösung des homogenen Systems gegeben durch $\boldsymbol{y}_{\text{hom}}(x)=C_1\boldsymbol{y}_1(x)+\cdots+C_n\boldsymbol{y}_n(x)=C_1\boldsymbol{r}_1\mathrm{e}^{\lambda_1 x}+C_2\boldsymbol{r}_2\mathrm{e}^{\lambda_2 x}+\cdots+C_n\boldsymbol{r}_n\mathrm{e}^{\lambda_n x}$, wobei $\boldsymbol{r}_1,\boldsymbol{r}_2,\ldots,\boldsymbol{r}_n$ die Eigenvektoren zu den verschiedenen Eigenwerten bezeichnen; $C_1,C_2,\ldots,C_n$ sind freie Parameter.

Bemerkung: Falls Eigenwerte komplex sind, so erhält man natürlich komplexe Lösungsfunktionen. Durch die Aufspaltung in Real- und Imaginärteil wie in Kapitel 6 ergeben sich dann die zugehörigen reellen Lösungsfunktionen.

Beispiel 7.9

Man berechne die Lösungen des folgenden Systems von Differenzialgleichungen

$$\begin{aligned} y_1'(x)&=-y_1(x)-2y_2(x)+5y_3(x)\\ y_2'(x)&=y_1(x)+2y_2(x)-y_3(x)\\ y_3'(x)&=-2y_1(x)-2y_2(x)+6y_3(x). \end{aligned}$$

Lösung: In Matrizenform lautet das Differenzialgleichungssystem

$$\boldsymbol{y}'(x)=\boldsymbol{A}\boldsymbol{y}(x)=\begin{pmatrix} -1 & -2 & 5 \\ 1 & 2 & -1 \\ -2 & -2 & 6 \end{pmatrix}\boldsymbol{y}(x).$$

Die Eigenwerte von $\boldsymbol{A}$ sind die Lösungen der charakteristischen Gleichung

$$\det(\boldsymbol{A}-\lambda \boldsymbol{E}) = -\lambda^3 + 7\lambda^2 - 14\lambda + 8 = 0.$$

Man erhält als Eigenwerte $\lambda_1 = 1, \lambda_2 = 2, \lambda_3 = 4$.
Durch Lösen der Gleichungssysteme $(\boldsymbol{A}-\lambda_k \boldsymbol{E})\boldsymbol{r} = \boldsymbol{0}, k = 1,2,3$ erhalten wir drei zugehörige, linear unabhängige Eigenvektoren

$$\boldsymbol{r}_1 = \begin{pmatrix} -1 \\ 1 \\ 0 \end{pmatrix}, \boldsymbol{r}_2 = \begin{pmatrix} 1 \\ 1 \\ 1 \end{pmatrix}, \boldsymbol{r}_3 = \begin{pmatrix} 1 \\ 0 \\ 1 \end{pmatrix}.$$

Folglich lautet die allgemeine Lösung von $\boldsymbol{y}'(x) = \boldsymbol{A}\boldsymbol{y}(x)$

$$y_{\text{hom}}(x) = C_1 \boldsymbol{r}_1 \mathrm{e}^{x} + C_2 \boldsymbol{r}_2 \mathrm{e}^{2x} + C_3 \boldsymbol{r}_3 \mathrm{e}^{4x} = \begin{pmatrix} -C_1 \mathrm{e}^{x} + C_2 \mathrm{e}^{2x} + C_3 \mathrm{e}^{4x} \\ C_1 \mathrm{e}^{x} + C_2 \mathrm{e}^{2x} \\ C_2 \mathrm{e}^{2x} + C_3 \mathrm{e}^{4x} \end{pmatrix}$$

mit den freien Parametern C_1, C_2, C_3. ■

7.3.2 Lösung des inhomogenen Systems

Analog der Situation bei inhomogenen linearen Differenzialgleichungen gilt hier der folgende Satz:

Satz 7.5

Gegeben sei das inhomogene System von linearen Differenzialgleichungen mit konstanten Koeffizienten

$$\boldsymbol{y}'(x) = \boldsymbol{A}\,\boldsymbol{y}(x) + \boldsymbol{b}(x),$$

dabei ist $\boldsymbol{y}(x) = \begin{pmatrix} y_1(x) \\ y_2(x) \\ \vdots \\ y_n(x) \end{pmatrix}$, $\boldsymbol{y}'(x) = \begin{pmatrix} y_1'(x) \\ y_2'(x) \\ \vdots \\ y_n'(x) \end{pmatrix}$, sowie $\boldsymbol{b}(x) = \begin{pmatrix} b_1(x) \\ b_2(x) \\ \vdots \\ b_n(x) \end{pmatrix}$, und $A = \begin{pmatrix} a_{11} & a_{12} & \cdots & a_{1n} \\ a_{21} & a_{22} & \vdots & a_{2n} \\ \vdots & \vdots & \vdots & \vdots \\ a_{n1} & a_{n2} & \cdots & a_{nn} \end{pmatrix}$ ist eine quadratische, n-reihige Matrix mit Koeffizienten $a_{ij} \in \mathbf{R}$.

Dann gilt die folgende Aussage:

Die allgemeine Lösung setzt sich zusammen aus der allgemeinen Lösung $\boldsymbol{y}_{hom}(x)$ des zugehörigen homogenen Systems $\boldsymbol{y}'(x) = \boldsymbol{A}\,\boldsymbol{y}(x)$ und einer beliebigen aber festen **partikulären** oder **speziellen** Lösung $\boldsymbol{y}_{\mathrm{s}}(x)$ des inhomogenen Systems:

$$\boldsymbol{y}_{\mathrm{allg}}(x) = \boldsymbol{y}_{\mathrm{hom}}(x) + \boldsymbol{y}_{\mathrm{s}}(x).$$

Um eine spezielle Lösung des inhomogenen Sytems $\boldsymbol{y}'(x) = \boldsymbol{A}\,\boldsymbol{y}(x) + \boldsymbol{b}(x)$ zu berechnen, kann das Verfahren *Variation der Konstanten* angewendet werden.

Ist nämlich $\boldsymbol{y}_{\mathrm{hom}}(x) = C_1\boldsymbol{y}_1(x) + \cdots + C_n\boldsymbol{y}_n(x)$ die allgemeine Lösung des homogenen Systems $\boldsymbol{y}'(x) = \boldsymbol{A}\,\boldsymbol{y}(x)$, so macht man zur Gewinnung einer speziellen Lösung $\boldsymbol{y}_{\mathrm{s}}(x)$ den Ansatz

$$\boldsymbol{y}_{\mathrm{s}}(x) = \boldsymbol{Y}(x)\boldsymbol{u}(x), \tag{7.10}$$

wobei $\boldsymbol{Y}(x)$ die Matrix bedeutet, deren Spalten gerade die n Lösungsvektoren $\boldsymbol{y}_1(x), \boldsymbol{y}_2(x), \cdots, \boldsymbol{y}_n(x)$ von $\boldsymbol{y}'(x) = \boldsymbol{A}\,\boldsymbol{y}(x)$ sind, d. h. es ist $\boldsymbol{Y}'(x) = \boldsymbol{A}\,\boldsymbol{Y}(x)$.

Einsetzen des Ansatzes (7.10) in die Gleichung (7.3) ergibt

$$\boldsymbol{Y}'(x)\boldsymbol{u}(x) + \boldsymbol{Y}(x)\boldsymbol{u}'(x) = \boldsymbol{A}\,\boldsymbol{Y}(x)\boldsymbol{u}(x) + \boldsymbol{b}(x),$$

woraus wegen $\boldsymbol{Y}'(x) = \boldsymbol{A}\,\boldsymbol{Y}(x)$ folgt $\boldsymbol{Y}(x)\boldsymbol{u}'(x) = \boldsymbol{b}(x)$.
Daraus erhalten wir, da $\boldsymbol{Y}(x)$ reguläre Matrix ist,

$$\boldsymbol{u}'(x) = \boldsymbol{Y}^{-1}(x)\boldsymbol{b}(x).$$

Durch Integration ergibt sich $\boldsymbol{u}(x)$ und damit auch $\boldsymbol{y}_{\mathrm{s}}(x)$.

Im folgenden Satz ist das Ergebnis dieser Herleitung festgehalten.

Satz 7.6

Gegeben sei das inhomogene System von linearen Differenzialgleichungen mit konstanten Koeffizienten

$$\boldsymbol{y}'(x) = \boldsymbol{A}\,\boldsymbol{y}(x) + \boldsymbol{b}(x),$$

dabei sind $\boldsymbol{A}, \boldsymbol{y}(x)$ und $\boldsymbol{b}(x)$ wie in Satz 7.5.

$\boldsymbol{Y}(x)$ bezeichne nun diejenige Matrix, deren Spalten die n Lösungsvektoren $\boldsymbol{y}_1(x), \boldsymbol{y}_2(x), \cdots, \boldsymbol{y}_n(x)$ sind, wobei $\boldsymbol{y}_{\text{hom}}(x) = C_1\boldsymbol{y}_1(x) + \cdots + C_n\boldsymbol{y}_n(x)$ die allgemeine Lösung des homogenen Systems $\boldsymbol{y}'(x) = \boldsymbol{A}\,\boldsymbol{y}(x)$ ist. Dann gilt:

Der Ansatz $\boldsymbol{y}_\text{s}(x) = \boldsymbol{Y}(x)\boldsymbol{u}(x)$ führt auf die Gleichung $\boldsymbol{u}'(x) = \boldsymbol{Y}^{-1}(x)\boldsymbol{b}(x)$. Durch Integration erhält man daraus eine spezielle Lösung des inhomogenen Systems.

Beispiel 7.10

Zu bestimmen ist die allgemeine Lösung des folgenden Systems von linearen Differenzialgleichungen

$$\begin{aligned} y_1'(x) &= -y_1(x) + y_2(x) + \mathrm{e}^x \\ y_2'(x) &= y_1(x) - y_2(x) + \mathrm{e}^x. \end{aligned}$$

Lösung: In Matrixform lautet das Differenzialgleichungssystem

$$\boldsymbol{y}'(x) = \boldsymbol{A}\,\boldsymbol{y}(x) + \boldsymbol{b}(x) = \begin{pmatrix} -1 & 1 \\ 1 & -1 \end{pmatrix}\boldsymbol{y}(x) + \begin{pmatrix} \mathrm{e}^x \\ \mathrm{e}^x \end{pmatrix}.$$

Die Matrix $\boldsymbol{A}$ hat die Eigenwerte $\lambda_1 = -2, \lambda_2 = 0$ mit $\boldsymbol{r}_1 = \begin{pmatrix} 1 \\ -1 \end{pmatrix}, \boldsymbol{r}_2 = \begin{pmatrix} 1 \\ 1 \end{pmatrix}$ als zugehörige, linear unabhängige Eigenvektoren. Also lautet die Lösung des homogenen Systems

$$\boldsymbol{y}_{\text{hom}}(x) = C_1\begin{pmatrix} 1 \\ -1 \end{pmatrix}\mathrm{e}^{-2x} + C_2\begin{pmatrix} 1 \\ 1 \end{pmatrix} = C_1\begin{pmatrix} \mathrm{e}^{-2x} \\ -\mathrm{e}^{-2x} \end{pmatrix}\mathrm{e}^{-2x} + C_2\begin{pmatrix} 1 \\ 1 \end{pmatrix};\ C_1, C_2 \text{ Parameter.}$$

Um eine spezielle Lösung $\boldsymbol{y}_\text{s}(x)$ zu gewinnen, setzen wir gemäß Satz 7.6 an

$$\boldsymbol{y}_\text{s}(x) = \boldsymbol{Y}(x)\boldsymbol{u}(x) = \begin{pmatrix} \mathrm{e}^{-2x} & 1 \\ -\mathrm{e}^{-2x} & 1 \end{pmatrix}\boldsymbol{u}(x).$$

Einsetzen in die Differenzialgleichung $\boldsymbol{y}'(x) = \boldsymbol{A}\,\boldsymbol{y}(x) + \boldsymbol{b}(x)$ ergibt

$$\boldsymbol{u}'(x) = \begin{pmatrix} \mathrm{e}^{-2x} & 1 \\ -\mathrm{e}^{-2x} & 1 \end{pmatrix}^{-1} \begin{pmatrix} \mathrm{e}^{x} \\ \mathrm{e}^{x} \end{pmatrix} = \frac{1}{2}\begin{pmatrix} \mathrm{e}^{2x} & -\mathrm{e}^{2x} \\ 1 & 1 \end{pmatrix}\begin{pmatrix} \mathrm{e}^{x} \\ \mathrm{e}^{x} \end{pmatrix} = \begin{pmatrix} 0 \\ \mathrm{e}^{x} \end{pmatrix}.$$

Da es nur auf irgendeine Lösung ankommt, folgt $\boldsymbol{u}(x) = \begin{pmatrix} \mathrm{e}^{x} \\ 0 \end{pmatrix}$, d.h. $\boldsymbol{y}_{\mathrm{s}}(x) = \begin{pmatrix} \mathrm{e}^{x} \\ \mathrm{e}^{x} \end{pmatrix}$.

Die allgemeine Lösung von $\boldsymbol{y}'(x) = \boldsymbol{A}\,\boldsymbol{y}(x) + \boldsymbol{b}(x)$ ist somit

$$\boldsymbol{y}_{\mathrm{allg}}(x) = C_1\begin{pmatrix} 1 \\ -1 \end{pmatrix}\mathrm{e}^{-2x} + C_2\begin{pmatrix} 1 \\ 1 \end{pmatrix} + \begin{pmatrix} \mathrm{e}^{x} \\ \mathrm{e}^{x} \end{pmatrix} = \begin{pmatrix} C\,\mathrm{e}^{-2x} + C_2 + \mathrm{e}^{x} \\ -C\,\mathrm{e}^{-2x} + C_2 + \mathrm{e}^{x} \end{pmatrix}$$

mit C_1, C_2 als freien Parametern. ■

Bemerkung: Mittels der in Kapitel 6 aufgeführten Störgliedansätze kann auch eine spezielle Lösung gewonnen werden.

7.4 Lösungsverfahren durch Diagonalisierung

Um das explizite homogene System $\boldsymbol{y}'(x) = \boldsymbol{A}\,\boldsymbol{y}(x)$ von linearen Differenzialgleichungen zu lösen, kann man, falls die Matrix $\boldsymbol{A}$ n linear unabhängige Eigenvektoren besitzt, eine Matrix $\boldsymbol{T}$ bestimmen, so dass $\boldsymbol{T}^{-1}\boldsymbol{A}\boldsymbol{T}$ eine Diagonalmatrix mit den Eigenwerten $\lambda_1, \lambda_2, \ldots, \lambda_n$ von $\boldsymbol{A}$ in der Hauptdiagonale ist:

$$\boldsymbol{T}^{-1}\boldsymbol{A}\boldsymbol{T} = diag(\lambda_1, \lambda_2, \ldots, \lambda_n).$$

Zweckmäßigerweise ist $\boldsymbol{T}$ die Matrix, deren Spalten linear unabhängige Eigenvektoren von $\boldsymbol{A}$ zu den Eigenwerten $\lambda_1, \lambda_2, \ldots, \lambda_n$ sind.

Durch die Transformation $\boldsymbol{y}(x) = \boldsymbol{T}\,\boldsymbol{u}(x)$ oder $\boldsymbol{u}(x) = \boldsymbol{T}^{-1}\,\boldsymbol{y}(x)$ geht das System $\boldsymbol{y}'(x) = \boldsymbol{A}\,\boldsymbol{y}(x)$ über in das System $\boldsymbol{T}\,\boldsymbol{u}'(x) = \boldsymbol{A}\boldsymbol{T}u(x)$, d.h. man erhält das transformierte System

$$\boldsymbol{u}'(x) = \boldsymbol{T}^{-1}\boldsymbol{A}\boldsymbol{T}\,\boldsymbol{u}(x) = diag(\lambda_1, \lambda_2, \ldots, \lambda_n)\,\boldsymbol{u}(x),$$

welches leicht gelöst werden kann. Als Lösungsvektoren (möglicherweise komplex!) ergeben sich nämlich

$$u_1(x)=\begin{pmatrix} e^{\lambda_1 x} \\ 0 \\ 0 \\ \vdots \\ 0 \end{pmatrix}, u_2(x)=\begin{pmatrix} 0 \\ e^{\lambda_2 x} \\ 0 \\ \vdots \\ 0 \end{pmatrix}, \dots, u_n(x)=\begin{pmatrix} 0 \\ 0 \\ \vdots \\ 0 \\ e^{\lambda_n x} \end{pmatrix}.$$

Die Lösungsvektoren des ursprünglichen Systems erhält man daraus durch die Substitution $\boldsymbol{y}_k(x)=\boldsymbol{T}\,\boldsymbol{u}_k(x),\ k=1,2,\dots,n.$

Als Ergebnis können wir festhalten:

Satz 7.7

Gegeben sei das homogene System von linearen Differenzialgleichungen mit konstanten Koeffizienten $\boldsymbol{y}'(x)=\boldsymbol{A}\,\boldsymbol{y}(x)$, dabei sind $\boldsymbol{A}, \boldsymbol{y}(x)$ wie in Satz 7.5.

Besitzt die Matrix $\boldsymbol{A}$ n linear unabhängige Eigenvektoren $\boldsymbol{r}_1, \boldsymbol{r}_2, \dots, \boldsymbol{r}_n$, dann ist $\boldsymbol{T}^{-1}\boldsymbol{A}\boldsymbol{T}$ mit $\boldsymbol{T}=(\boldsymbol{r}_1 \quad \boldsymbol{r}_2 \quad \cdots \quad \boldsymbol{r}_n)$ eine Diagonalmatrix mit den Eigenwerten $\lambda_1, \lambda_2, \dots, \lambda_n$ von $\boldsymbol{A}$ in der Hauptdiagonale:

$$\boldsymbol{T}^{-1}\boldsymbol{A}\boldsymbol{T}=diag(\lambda_1, \lambda_2, \dots, \lambda_n). \tag{7.11}$$

Durch die Transformation $\boldsymbol{y}(x)=\boldsymbol{T}\,\boldsymbol{u}(x)$ geht das System $\boldsymbol{y}'(x)=\boldsymbol{A}\,\boldsymbol{y}(x)$ über in das System $\boldsymbol{u}'(x)=\boldsymbol{T}^{-1}\boldsymbol{A}\boldsymbol{T}\,\boldsymbol{u}(x)=diag(\lambda_1, \lambda_2, \dots, \lambda_n)\boldsymbol{u}(x)$, welches

$$\boldsymbol{u}_{\text{hom}}(x)=C_1\begin{pmatrix} 1 \\ 0 \\ 0 \\ \vdots \\ 0 \end{pmatrix}e^{\lambda_1 x}+C_2\begin{pmatrix} 0 \\ 1 \\ 0 \\ \vdots \\ 0 \end{pmatrix}e^{\lambda_2 x}+\dots+C_n\begin{pmatrix} 0 \\ 0 \\ \vdots \\ 0 \\ 1 \end{pmatrix}e^{\lambda_n x}$$

als allgemeine Lösung besitzt.

Die allgemeine Lösung des ursprünglichen Systems lautet $\boldsymbol{y}_{\text{hom}}(x)=\boldsymbol{T}\,\boldsymbol{u}_{\text{hom}}(x)$.

Die Eigenschaft eines linearen Systems $\boldsymbol{y}'(x)=\boldsymbol{A}\,\boldsymbol{y}(x)$ von Differenzialgleichungen, bei dem die Matrix $\boldsymbol{A}$ Diagonalmatrix ist, verdient eine besondere Bezeichnung.

Definition 7.4

Ein explizites homogenes System von linearen Differenzialgleichungen mit konstanten Koeffizienten $\boldsymbol{y}'(x) = \boldsymbol{A}\,\boldsymbol{y}(x)$, bei dem $\boldsymbol{A}$ eine Diagonalmatrix ist, heißt **entkoppelt**.

Beispiel 7.11

Zu bestimmen ist durch Diagonalisierung die allgemeine Lösung des folgenden Systems von linearen Differenzialgleichungen

$$\boldsymbol{y}'(x) = \boldsymbol{A}\,\boldsymbol{y}(x) = \begin{pmatrix} -1 & 1 \\ 1 & -1 \end{pmatrix} \boldsymbol{y}(x).$$

Lösung: Aus Beispiel 7.10 wissen wir, dass die Matrix $\boldsymbol{A} = \begin{pmatrix} -1 & 1 \\ 1 & -1 \end{pmatrix}$ die Eigenwerte $\lambda_1 = -2, \lambda_2 = 0$ besitzt mit $\boldsymbol{r}_1 = \begin{pmatrix} 1 \\ -1 \end{pmatrix}, \boldsymbol{r}_2 = \begin{pmatrix} 1 \\ 1 \end{pmatrix}$ als zugehörige, linear unabhängige Eigenvektoren.

Also geht nach Satz 7.7 durch die Transformation $\boldsymbol{y}(x) = \boldsymbol{T}\,\boldsymbol{u}(x) = \begin{pmatrix} 1 & 1 \\ -1 & 1 \end{pmatrix} \boldsymbol{u}(x)$ das ursprüngliche Differenzialgleichungssystem über in das entkoppelte System

$$\boldsymbol{u}'(x) = \boldsymbol{T}^{-1}\boldsymbol{A}\boldsymbol{T}\,\boldsymbol{u}(x) = \begin{pmatrix} -2 & 0 \\ 0 & 0 \end{pmatrix} \boldsymbol{u}(x).$$

Die Lösung lautet

$$\boldsymbol{u}_{\text{hom}}(x) = C_1 \begin{pmatrix} 1 \\ 0 \end{pmatrix} \mathrm{e}^{-2x} + C_2 \begin{pmatrix} 0 \\ 1 \end{pmatrix} = \begin{pmatrix} C_1\,\mathrm{e}^{-2x} \\ C_2 \end{pmatrix};\ C_1, C_2 \text{ sind freie Parameter.}$$

Als Lösung des ursprünglichen Systems folgt

$$\boldsymbol{y}_{\text{hom}}(x) = \boldsymbol{T}\,\boldsymbol{u}_{\text{hom}}(x) = \begin{pmatrix} 1 & 1 \\ -1 & 1 \end{pmatrix} \boldsymbol{u}(x) = \begin{pmatrix} 1 & 1 \\ -1 & 1 \end{pmatrix} \begin{pmatrix} C_1\,\mathrm{e}^{-2x} \\ C_2 \end{pmatrix} = \begin{pmatrix} C_1\,\mathrm{e}^{-2x} + C_2 \\ -C_1\,\mathrm{e}^{-2x} + C_2 \end{pmatrix}$$

mit C_1, C_2 als freien Parametern. ■

7.5 Systeme höherer Ordnung

Ein System von expliziten linearen Differenzialgleichungen höherer Ordnung mit konstanten Koeffizienten lässt sich durch Einführung neuer unbekannter Funktionen in ein System erster Ordnung überführen.

Auf dieses neue System erster Ordnung können dann die Methoden aus den Abschnitten 7.2, 7.3 oder 7.4 angewendet werden.

Diese Vorgehensweise wird an einem Beispiel demonstriert.

Beispiel 7.12

Man überführe das folgende System von Differenzialgleichungen zweiter Ordnung in ein System erster Ordnung.

$$y_1''(x)+y_1'(x)+y_1(x)-y_2(x)=x$$
$$y_2''(x)-y_2'(x)-y_1(x)+y_2(x)=x^2$$

Lösung: Man führt die folgenden neuen Funktionen ein

$$u_1(x)=y_1(x)$$
$$u_2(x)=y_1'(x)$$
$$u_3(x)=y_2(x)$$
$$u_4(x)=y_2'(x)$$

Damit kann das System zweiter Ordnung als System erster Ordnung mit vier Gleichungen geschrieben werden:

$$u_1'(x)=u_2(x)$$
$$u_2'(x)=-u_1(x)-u_2(x)+u_3(x)+x$$
$$u_3'(x)=u_4(x)$$
$$u_4'(x)=u_1(x)-2u_3(x)+u_4(x)+x^2.$$

Dieses System kann gemäß den Sätzen 7.4, 7.5 und 7.6 gelöst werden. ■

Oftmals ist es auch möglich, ein System von linearen Differenzialgleichungen höherer Ordnung durch Elimination der unbekannten Funktionen in eine einzige Differenzialgleichung höherer Ordnung zu überführen, in der nur noch eine der gesuchten Funktionen vorkommt.

Bei diesem Verfahren werden die elementaren Umformungen des Gaußschen Eliminationsverfahrens angewandt mit „**Differenzieren einer Gleichung nach *x***“ als zusätzlicher elementarer Umformung.

Beispiel 7.13

Man führe das folgende System von linearen Differenzialgleichungen zweiter Ordnung durch Anwendung des Eliminationsverfahrens in eine Differenzialgleichung über, in der nur noch $y_2(x)$ und seine Ableitungen vorkommen.

(1) $y_1''(x)+y_1'(x)+y_1(x)-y_2(x)=x$

(2) $y_2''(x)-y_2'(x)-y_1(x)+2y_2(x)=x^2$

Lösung: Aus der Gleichung (2) folgt durch Auflösen nach $y_1(x)$ die Gleichung

(2.1) $y_1(x)=y_2''(x)-y_2'(x)+2y_2(x)-x^2$.

Durch Differenzieren ergibt sich daraus weiter

(2.2) $y_1'(x)=y_2'''(x)-y_2''(x)+2y_2'(x)-2x$

(2.3) $y_1''(x)=y_2^{(4)}(x)-y_2'''(x)+2y_2''(x)-2$.

Setzt man (2.1), (2.2) und (2.3) in die Gleichung (1) ein, so erhält man eine Differenzialgleichung vierter Ordnung, in der nur noch $y_2(x)$ vorkommt:

$$y_2^{(4)}(x)+2y_2''(x)+y_2'(x)+y_2(x)=x^2+3x+2\ . \ ■$$

Aufgaben

7.1 Schreiben Sie das folgende System von Differenzialgleichungen in Vektorform. Welche Ordnung hat dieses System?

$$y_1^{(4)}(x)-y_2'(x)=2\cos x+\mathrm{e}^{-x}$$
$$y_1'(x)+y_3'''(x)=x^2$$
$$y_2'(x)+y_3''(x)=y_1(x)+y_2(x)+y_3(x)$$

7.2 Man schreibe das angegebene System in Matrizenform.

$$y_1'(x)=y_2(x)$$
$$y_2'(x)=y_3(x)$$
$$y_3'(x)=y_1(x)$$

7.3 Man schreibe das folgende System in der Form $\boldsymbol{y}'(x)=\boldsymbol{A}\,\boldsymbol{y}(x)+\boldsymbol{b}(x)$.

$$2y_1'(x)+3y_2'(x)=x^2,\ 3y_1'(x)+4y_2'(x)=x^3,\ 5y_3'(x)=x^2+x^3$$

7.4 Man löse das System aus Aufgabe 7.3 durch Elimination.

7.5 Lösen Sie das Differenzialgleichungssystem $\boldsymbol{y}'(x)=\begin{pmatrix}-1 & 1\\ 4 & -1\end{pmatrix}\boldsymbol{y}(x)$ mittels Exponentialansatz.

7.6 Lösen Sie das System $y_1'(x)=y_2(x)$, $y_2'(x)=y_1(x)+x\,\mathrm{e}^{3x}$ durch Variation der Konstanten.

7.7 Man berechne die Lösung des folgenden Differenzialgleichungssystems.

$$\begin{aligned} y_1'(x) &= 2y_1(x)-4y_2(x)-2y_3(x)\\ y_2'(x) &= -4y_1(x)+2y_2(x)-2y_3(x)\\ y_3'(x) &= -2y_1(x)-2y_2(x)+5y_3(x) \end{aligned}$$

7.8 Lösen Sie das Differenzialgleichungssystem $\boldsymbol{y}'(x)=\begin{pmatrix}5 & 6\\ 6 & 5\end{pmatrix}\boldsymbol{y}(x)$ durch Diagonalisierung.

7.9 Man überführe das folgende System von Differenzialgleichungen zweiter Ordnung in ein explizites System erster Ordnung.

$$\begin{aligned} &y_1''(x)+2y_1'(x)+y_2'(x)-y_3(x)=1\\ &y_1'(x)-2y_2''(x)+y_3'(x)=x\\ &y_2'(x)+3y_3''(x)-y_3(x)=x^2 \end{aligned}$$

7.10 Durch Anwendung des Eliminationsverfahrens führe man das System

$$\begin{aligned} &y_1''(x)+2y_1'(x)+y_2'(x)=1\\ &y_1'(x)-2y_2'''(x)=x \end{aligned}$$

in eine Differenzialgleichung über, in der nur noch $y_1(x)$ oder $y_2(x)$ und seine Ableitungen vorkommen.

8 Numerische Verfahren für Anfangswertprobleme

8.1 Aufgabe numerischer Methoden

Die formelmäßige Angabe der Lösung einer Differenzialgleichung ist die Ausnahme, so ist die Lösung der Differenzialgleichung $y'(x) = x^2 + y^2(x)$ nicht durch elementare Funktionen und Integrationen angebbar. In diesen Fällen ist man auf numerische Verfahren angewiesen, welche Näherungslösungen berechnen. Wir wollen in diesem Kapitel Anfangswertprobleme des Typs

$$\begin{aligned} y'(x) &= f(x, y), x \in I = [a, b] \\ y(x_0) &= y_0 . \end{aligned} \tag{8.1}$$

an gewissen Gitterpunkten x_i mittels numerischer Verfahren lösen. Dazu wählen wir eine äquidistante **Schrittweite** $h = \frac{b-a}{n}$ und bestimmen damit die **Gitterpunkte** $x_i = x_0 + ih, i = 0,1,\ldots,n$. An diesen Stellen $x_0, x_1, \ldots, x_n$ werden Näherungswerte $y_0, y_1, \ldots, y_n$ für die exakten Werte $y(x_0), y(x_1), \ldots, y(x_n)$ der Lösungsfunktion berechnet. Wichtig sind dabei Fehlerabschätzungen, das sind Aussagen für $|y(x_i) - y_i|$. Dabei unterscheidet man zwischen lokalem Fehler und globalem Fehler. Der **lokale Fehler** gibt an, wie weit Näherungslösung und exakte Lösung nach einem Schritt voneinander abweichen. Der **globale Fehler** ist die Differenz zwischen numerischer Lösung und exakter Lösung im gesamten Intervall. Wir beschränken uns auf die Betrachtung globaler Fehler.

8.2 Die Eulersche Polygonzugmethode

Das einfachste numerische Verfahren zur Lösung des Anfangswertproblems (8.1) ist das Euler-Verfahren, welches wie folgt beschrieben werden kann:

- Gehe vom Anfangspunkt (x_0, y_0) aus geradlinig mit der dort gegebenen Steigung $f(x_0, y_0)$ um die Schrittweite h nach rechts.
- Von dem so erhaltenen Punkt (x_1, y_1) gehe mit der dort vorliegenden Steigung $f(x_1, y_1)$ einen weiteren Schritt h nach rechts.

- Verfahrensvorschrift im i-ten Schritt: Gehe vom Punkt (x_i, y_i) mit der dort vorliegenden Steigung $f(x_i, y_i)$ einen weiteren Schritt h nach rechts.

Die Näherungswerte $y_0, y_1, \ldots, y_n$ können somit aus der nachfolgenden Rekursionsvorschrift bestimmt werden:

Euler-Verfahren

$$y_0 = y(x_0),\, x_0 = a,\, h = \frac{b-a}{n},$$

$$x_{i+1} = x_i + h,\, i = 0, 1, \ldots, n-1,$$

$$y_{i+1} = y_i + h\, f(x_i, y_i), i = 0,1,\ldots,n-1.$$

Satz 8.1

Erfüllt die Funktion $f(x,y)$ in einem Gebiet $G \subseteq \mathbf{R}^2$ die Voraussetzungen

(a) f ist stetig differenzierbar, d. h. die partiellen Ableitungen $\frac{\partial f(x,y)}{\partial x}$ und $\frac{\partial f(x,y)}{\partial y}$ existieren und sind stetig.

(b) Mit einer positiven Lipschitz-Konstanten $L \geq 0$ gilt:

$$|f(x,y_1) - f(x,y_2)| \leq L|y_1 - y_2| \text{ für alle } (x,y_1),(x,y_2) \in G,$$

so konvergiert das **Eulersche Polygonzugverfahren** mit gegen Null strebender Schrittweite $h > 0$ von erster Ordnung gegen die Lösung des Anfangswertproblems (8.1), d. h. es gilt

$$|y(x_i) - y_i| \leq C\,h,\, i = 0,1,\ldots,n,$$

mit der von h unabhängigen Konstanten $C = \frac{M}{2L}\left(e^{(b-a)L} - 1\right)$,

dabei ist M für alle $(x,y) \in G$ eine obere Schranke für den Ausdruck

$$\left|\frac{\partial f(x,y)}{\partial x} + f(x,y)\frac{\partial f(x,y)}{\partial y}\right| \leq M.$$

Bemerkung: Bedingung (b) ist die Lipschitz-Stetigkeit der rechten Seite $f(x,y)$ der Differenzialgleichung bezüglich y. Diese Bedingung bestimmt wesentlich die Eindeutigkeit der Lösungsfunktion $y = y(x)$, (vgl. Satz 2.2).

Beispiel 8.1

Man löse das Anfangswertproblem für die Differenzialgleichung

$$y'(x) = f(x,y) = y(x) - \frac{2x}{y(x)}, x \in [0,1], y(0) = 1 \tag{8.2}$$

mit Hilfe der Eulerschen Polygonzugmethode und der Schrittweite $h = 0.1$. Man rechne mit 4 Dezimalstellen und vergleiche die Werte der Näherungslösung mit den Werten der exakten Lösung $y(x) = \sqrt{2x+1}$.

Lösung: Das Euler-Verfahren für (8.2) lautet

$$y_0 = 1,\ y_{i+1} = y_i + hf(x_i, y_i) = y_i + 0.1\left(y_i - \frac{2x_i}{y_i}\right), i = 0,1,\ldots,9.$$

Die Näherungswerte sind in nachstehender Tabelle zusammengestellt.

Tabelle 8.1 Euler-Verfahren für Problem (8.2)

i	x_i	y_i	$y(x_i)$	$\lvert y(x_i) - y_i \rvert$
0	0	1	1	0
1	0.1	1.1	1.0954	0.0046
2	0.2	1.1918	1.1832	0.0086
3	0.3	1.2774	1.2649	0.0125
4	0.4	1.3582	1.3416	0.0166
5	0.5	1.4351	1.4142	0.0209
6	0.6	1.5089	1.4832	0.0257
7	0.7	1.5803	1.5492	0.0311
8	0.8	1.6497	1.6124	0.0373
9	0.9	1.7177	1.6733	0.0444
10	1	1.7847	1.7320	0.0527

■

Bemerkung: Das Eulersche Polygonzugverfahren ist ein **lineares Verfahren** oder **ein Verfahren erster Ordnung**, da mit gegen Null strebender Schrittweite $h > 0$

die Näherungslösung von erster Ordnung gegen die exakte Lösung konvergiert. Im Fall $|y(x_i) - y_i| \le Ch^p$ spricht man von der Fehlerordnung p des Verfahrens.

Beispiel 8.2

Die Lösung der Anfangswertaufgabe $y'(x) = f(x,y) = x + y(x),\ y(0) = 0$ und alle Polygonzüge des Euler-Verfahrens liegen im Rechteck $B = \{(x,y) : 0 \le x \le 2, 0 \le y \le 7\}$. Geben Sie eine Fehlerabschätzung des Euler-Verfahrens in Abhängigkeit von der Schrittweite $h = \frac{2}{n}$ an.

Lösung: Für die unbekannte Lösung $y(x)$ erhält man $y'(x) = x + y(x)$, $y''(x) = 1 + y'(x) = 1 + x + y(x)$. Damit erhalten wir für $y(x)$ das Taylorpolynom erster Ordnung mit dem Restglied von Lagrange, wobei $x_i = x_0 + ih, i = 0,1,\ldots,n$

$$y(x_{i+1}) = y(x_i) + hy'(x_i) + \frac{1}{2}h^2 y''(\xi) = y(x_i) + h(x_i + y(x_i)) + \frac{1}{2}h^2(1 + \xi + y(\xi)).$$

Da der Punkt $(\xi, y(\xi))$ in B liegt, folgt: $|y''(\xi)| \le 1 + |\xi| + |y(\xi)| \le 1 + 2 + 7 = 10$.

Für die Näherungswerte y_{i+1} an den Stellen x_{i+1} gilt nach dem Polygonzugverfahren $y_0 = 0,\ y_{i+1} = y_i + h(x_i + y_i),\ i = 0,1,\ldots,n-1$. Für den Fehler in $[x_i, x_{i+1}]$ gilt also

$$\begin{aligned}|y(x_{i+1}) - y_{i+1}| &= \left| y(x_i) + h(x_i + y(x_i)) + \frac{1}{2}h^2 y''(\xi) - y_i - h(x_i + y_i) \right| \\ &\le (1+h)|y(x_i) - y_i| + \frac{1}{2}h^2 \cdot 10.\end{aligned}$$

Da $h > 0$ ist, folgt $1 + h < \mathrm{e}^h$ und wir erhalten

$$|y(x_{i+1}) - y_{i+1}| < 5h^2 + (1+h)|y(x_i) - y_i| < 5h^2 + \mathrm{e}^h |y(x_i) - y_i|.$$

Setzt man diese Abschätzung fort, so folgt wegen

$$\begin{aligned}&|y(x_{i+1}) - y_{i+1}| < 5h^2(1 + \mathrm{e}^h) + (\mathrm{e}^h)^2 |y(x_i) - y_i| \\ &< 5h^2\left[1 + \mathrm{e}^h + (\mathrm{e}^h)^2 + \ldots + (\mathrm{e}^h)^i\right] + (\mathrm{e}^h)^{i+1} |y(x_0) - y_0|.\end{aligned}$$

Da $i \le n$ ist, folgt wegen des monotonen Wachstums der rechten Seite der Ungleichung und $y(x_0) - y_0 = 0$ die Beziehung

$$|y(x_{i+1}) - y_{i+1}| < 5h^2 + \left[1 + \mathrm{e}^h + (\mathrm{e}^h)^2 + \ldots + (\mathrm{e}^h)^n\right],\ i \le n.$$

Mit Hilfe der Formel für die Partialsumme der geometrischen Reihe erhalten wir

$$|y(x_{i+1}) - y_{i+1}| < 5h^2\left(1 + \mathrm{e}^h + \left(\mathrm{e}^h\right)^2 + \ldots + \left(\mathrm{e}^h\right)^n\right) = 5h^2 \frac{1-\left(\mathrm{e}^h\right)^{n+1}}{1-\mathrm{e}^h}.$$

Weitere Abschätzung liefert

$$5h^2 \frac{1-\left(\mathrm{e}^h\right)^{n+1}}{1-\mathrm{e}^h} \leq 5h \frac{h\left(\mathrm{e}^{(n+1)h}-1\right)}{\mathrm{e}^h-1} < \frac{5h\left(\mathrm{e}^2-1\right)}{1+\frac{h}{2!}+\frac{h^2}{3!}+\ldots} < 5h\left(\mathrm{e}^2-1\right) < 32h = \frac{64}{n}.$$

und damit für $n \in \mathrm{N}$ die gesuchte Fehlerabschätzung $|y(x_{i+1}) - y_{i+1}| < \frac{64}{n} = 32h$,

d. h. der globale Fehler hängt linear von der Schrittweite h ab. ■

8.3 Verfahren höherer Ordnung

In diesem Abschnitt betrachten wir numerische Methoden, welche eine höhere Genauigkeit als das Euler-Verfahren liefern. Höhere Genauigkeit bedeutet dann, dass Verfahren höherer Fehlerordnung entstehen.

8.3.1 Das Halbschrittverfahren

Ein einfaches Verfahren höherer Fehlerordnung ist das Halbschrittverfahren, es kann wie folgt beschrieben werden:

- Gehe vom Anfangspunkt (x_0, y_0) aus geradlinig mit halber Schrittweite und mit der dort gegebenen Steigung $f(x_0, y_0)$ nach rechts. Bestimme die Steigung $f\left(x_0 + \frac{h}{2}, y_0 + \frac{h}{2} f(x_0, y_0)\right)$ und gehe mit dieser Steigung von (x_0, y_0) aus einen ganzen Schritt nach rechts.
- Allgemeine Verfahrensvorschrift im i-ten Schritt: Gehe vom Punkt (x_i, y_i) mit der dort vorliegenden Steigung $f(x_i, y_i)$ eine halbe Schrittweite $\frac{h}{2}$ nach rechts. Bestimme die Steigung $f\left(x_i + \frac{h}{2}, y_i + \frac{h}{2} f(x_i, y_i)\right)$ und gehe von (x_i, y_i) aus einen Schritt mit voller Schritweite nach rechts.

Die Näherungswerte $y_0, y_1, \ldots, y_n$ können wie folgt bestimmt werden:

Halbschrittverfahren

$$y_0 = y(x_0),\, x_0 = a,\, h = \frac{b-a}{n},$$

$$x_{i+1} = x_i + h,\, i = 0, 1, \ldots, n-1,$$

$$y_{i+1} = y_i + h\, f\left(x_i + \frac{h}{2}, y_i + \frac{h}{2} f(x_i, y_i)\right),\, i = 0, 1, \ldots, n-1.$$

Für den Fehler des Halbschrittverfahrens gilt:

Satz 8.2

Erfüllt die Funktion $f(x,y)$ in einem zweidimensionalen Gebiet $G \subseteq \mathbf{R}^2$ $G = \{(x,y), x \in [a-c, a+c], y \in [y_0 - d, y_0 + d]\}$ die Voraussetzungen

(a) f ist zweimal stetig differenzierbar in G, d. h. die Ableitungen $\frac{\partial f(x,y)}{\partial x}$, $\frac{\partial f(x,y)}{\partial y}$, $\frac{\partial^2 f(x,y)}{\partial x^2}$, $\frac{\partial^2 f(x,y)}{\partial y \partial x}$, $\frac{\partial^2 f(x,y)}{\partial y^2}$ existieren und sind stetig.

(b) Mit einer positiven Lipschitz-Konstanten $L \geq 0$ gilt:

$$|\, f(x, y_1) - f(x, y_2)| \leq L |\, y_1 - y_2| \text{ für alle } (x, y_1), (x, y_2) \in G,$$

so konvergiert das **Halbschrittverfahren** für $h > 0$ von zweiter Ordnung gegen die Lösung des Anfangswertproblems (8.1), d. h. es gilt

$$|\, y(x_i) - y_i| \leq C h^2,\, i = 0, 1, \ldots, n,$$

mit der von h unabhängigen Konstanten

$$C = \frac{M}{d\, L}\left(e^{(b-a)L} - 1\right),$$

dabei ist M für alle $(x,y) \in G$ eine obere Schranke von

$$\left|\frac{\partial f(x,y)}{\partial x} + f(x,y)\frac{\partial f(x,y)}{\partial y}\right| \leq M.$$

Beispiel 8.3

Mit Hilfe des Halbschrittverfahrens löse man das Anfangswertproblem $y'(x) = f(x, y) = y(x) - \frac{2x}{y(x)}, x \in [0,1], y(0) = 1$ unter Verwendung der Schrittweite $h = 0.1$. Man rechne mit 4 Dezimalstellen nach dem Komma und vergleiche die Ergebnisse mit dem Euler-Verfahren (Beispiel 8.1).

Lösung: Das Halbschrittverfahren hat im Fall des Problems (8.2) folgende Gestalt

$$y_0 = 1,$$

$$y_{i+1} = y_i + 0.1\left(y_i + 0.05\left[y_i - \frac{2x_i}{y_i} \right] - \frac{2(x_i + 0.05)}{y_i + 0.05\left[y_i - \frac{2x_i}{y_i} \right]} \right), i = 0,1,\ldots,9.$$

Die mit dem Halbschrittverfahren berechneten Näherungswerte y_i sind zusammen mit den aus dem Euler-Verfahren stammenden Näherungen in nachstehender Tabelle gegenübergestellt. In der rechten Spalte sind die Werte der exakten Lösung $y(x) = \sqrt{2x+1}$ an den entsprechenden Gitterpunkten angegeben.

Tabelle 8.2 Halbschrittverfahren und Euler-Verfahren für Problem (8.2)

i	x_i	y_i (Halbschritt)	y_i (Euler)	$y(x_i)$ exakt
0	0	1.0000	1.0000	1.0000
1	0.1	1.0960	1.1000	1.0954
2	0.2	1.1846	1.1918	1.1832
3	0.3	1.2673	1.2774	1.2649
4	0.4	1.3453	1.3582	1.3416
5	0.5	1.4194	1.4351	1.4142
6	0.6	1.4903	1.5089	1.4832
7	0.7	1.5585	1.5803	1.5492
8	0.8	1.6245	1.6497	1.6124
9	0.9	1.6887	1.7177	1.6733
10	1	1.7515	1.7847	1.7320

■

Hinweis: Das Halbschrittverfahren ist auch unter dem Namen **Mittelpunktsregel** oder **verbessertes Euler-Verfahren** bekannt.

8.3.2 Verfahren höherer Ordnung

Wichtige Verfahren höherer Ordnung sind die vom Runge-Kutta-Typ. Wir leiten ein Runge-Kutta-Verfahren 2. Ordnung her und betrachten ein Anfangswertproblem $y'(x) = f(x, y), y(x_0) = y_0, x \in [a, b]$. Zur Bestimmung eines Näherungswertes $y(x+h)$ für die Lösungsfunktion an der Stelle $x+h$ werden zwei Steigungen der Form

$$k_1 = h\,f(x, y) \text{ und } k_2 = h\,f(x+\alpha\,h, y+\beta\,k_1)$$

verwendet und mit einer Fehlerfunktion $E(h)$ der Ansatz

$$y(x+h) = y(x) + c_1 k_1 + c_2 k_2 + E(h) \tag{8.3}$$

gemacht. Die Koeffizienten α, β, c_1, c_2 werden so bestimmt, dass die Fehlerfunktion $E(h)$ mit einer möglichst hohen h-Potenz beginnt. In diesem Fall ist eine Übereinstimmung bis einschließlich des Terms h^2 möglich.

$$f(x+\alpha\,h, y+\beta\,f(x,y)) = f(x,y) + \alpha\,h\frac{\partial f(x,y)}{\partial x} + \beta\,h\,f(x,y)\frac{\partial f(x,y)}{\partial y}$$

$$+\,\text{Terme höherer Ordnung.}$$

Gleichung (8.2) hat dann folgende Form

$$y(x+h) = y(x) + (c_1 + c_2)hf + \alpha\;c_2\,h^2\frac{\partial f}{\partial x} + \beta\,c_2\,h^2\,f\frac{\partial f}{\partial y} + O(h^3) \tag{8.4}$$

Unter Berücksichtigung von $y'(x) = f(x, y)$ folgt

$$y''(x) = \frac{\mathrm{d}y'(x)}{\mathrm{d}x} = \frac{\partial f(x,y)}{\partial x}\frac{\mathrm{d}x}{\mathrm{d}x} + \frac{\partial f(x,y)}{\partial y}\frac{\mathrm{d}y}{\mathrm{d}x} = \frac{\partial f(x,y)}{\partial x} + \frac{\partial f(x,y)}{\partial y}f(x,y)$$

und es ist

$$y(x+h) = y(x) + hf(x,y) + \frac{1}{2}h^2\frac{\partial f(x,y)}{\partial x} + \frac{1}{2}h^2 f(x,y)\frac{\partial f(x,y)}{\partial y} \tag{8.5}$$

Da (8.4) und (8.5) übereinstimmen, ergeben sich die Gleichungen

$$c_1 + c_2 = 1, \quad \alpha\,c_2 = 0.5, \quad \beta\,c_2 = 0.5.$$

Mögliche Lösungen sind $\alpha = \beta = 1$, $c_1 = c_2 = 0.5$. Andere Lösungen sind beispielsweise $\alpha = \beta$ und $c_1 = 1 - \dfrac{1}{2\alpha}, c_2 = \dfrac{1}{2\alpha}, \alpha \neq 0$.

Runge-Kutta-Verfahren 2. Ordnung

Berechne zu jedem Gitterpunkt $x_i = a + ih,\ i = 0,1,\ldots,n-1$ die Steigungen $k_j^{(i)}, j = 1,2$

$$k_1^{(i)} = f(x_i, y_i)$$

$$k_2^{(i)} = f\left(x_i + h, y_i + hk_1^{(i)}\right)$$

Das Runge-Kutta-Verfahren 2. Ordnung hat die Gestalt

$$y_0 = y(x_0), \quad y_{i+1} = y_i + \frac{1}{2}h\left(k_1^{(i)} + k_2^{(i)}\right), i = 0,1,\ldots,n-1.$$

Auf ähnliche Weise können Runge-Kutta-Verfahren höherer Fehlerordnung konstruiert werden. Wir beschreiben nachfolgend das sogenannte klassische Verfahren von Runge-Kutta; es ist ein Verfahren der Ordnung 4.

Klassisches Runge-Kutta-Verfahren der Fehlerordnung 4

Berechne zu jedem Gitterpunkt $x_i = a + ih,\ i = 0,1,\ldots,n-1$ die Steigungen $k_j^{(i)}, j = 1,2,3,4$

$$k_1^{(i)} = f(x_i, y_i)$$

$$k_2^{(i)} = hf\left(x_i + \frac{h}{2}, y_i + \frac{k_1^{(i)}}{2}\right)$$

$$k_3^{(i)} = hf\left(x_i + \frac{h}{2}, y_i + \frac{k_2^{(i)}}{2}\right)$$

$$k_4^{(i)} = hf\left(x_i + h, y_i + k_3^{(i)}\right)$$

Das klassische Runge-Kutta-Verfahren lautet dann

$$y_0 = y(x_0)$$

$$y_{i+1} = y_i + \frac{1}{6}\left(k_1^{(i)} + 2k_2^{(i)} + 2k_3^{(i)} + k_4^{(i)}\right), i = 0,1,\ldots,n-1.$$

Satz 8.3

Besitzt die Funktion $f(x,y)$ stetige partielle Ableitungen bis einschließlich 4. Ordnung nach x und y, dann konvergiert das **Runge-Kutta-Verfahren** mit gegen Null strebender Schrittweite $h>0$ von vierter Ordnung gegen die Lösung des Anfangswertproblems (8.1), d.h. es gilt

$$|\,y(x_i)-y_i| \le C\,h^4\,, i=0,1,\ldots,n..$$

mit der von h unabhängigen Konstanten C (vgl. Hairer/Norsett/Wanner [7]).

Beispiel 8.4

Man berechne für das Anfangswertproblem

$$y'(x)=\frac{1}{4}\left(x^2+y(x)^2\right),\ x\in[0,1],\ y(0)=0 \tag{8.6}$$

mit dem klassischen Runge-Kutta-Verfahren unter Verwendung der Schrittweite $h=0.5$ Näherungswerte der Lösung an den Stellen $x_1=0.5$ und $x_2=1$.

Lösung: Unter Verwendung der Schrittweite $h=0.5$ erhalten wir für (8.6) die Näherungswerte y_1, y_2 an den Stellen $x_1=0.5$ bzw. $x_2=1$: $y_1=0.010419$ bzw. $y_2=0.083590$.

Tabelle 8.3 Runge-Kutta-Verfahren und exakte Lösung für Problem (8.6)

i	x_i	y_i (Runge-Kutta)	$y(x_i)$ exakt
0	0	0.0000	0.0000
1	0.1	0.000083333	0.000082204
2	0.2	0.00066667	0.0065877
3	0.3	0.0022501	0.0022070
4	0.4	0.0053338	0.0053275
5	0.5	0.010419	0.010420
6	0.6	0.018007	0.017993
7	0.7	0.028604	0.028607
8	0.8	0.042718	0.042717
9	0.9	0.060868	0.060876
10	1	0.083581	0.083576

In Tabelle 8.3 sind die mit dem Runge-Kutta-Verfahren gewonnenen Näherungswerte unter Verwendung der Schrittweite $h = 0.1$ und die Werte der exakten Lösung gegenübergestellt. Die exakte Lösung ist nicht mittels elementarer Funktionen darstellbar. ■

8.3.3 Numerische Verfahren für Differenzialgleichungssysteme

Die numerischen Methoden der vorangegangen Abschnitte können unter Berücksichtigung der Vektornotation auf Systeme übetragen werden. Wir werden das Vorgehen stellvertretend für das Euler-Verfahren beschreiben. Da sich Differenzialgleichungen n-ter Ordnung als äquivalente Systeme formulieren lassen, stehen somit Verfahren für allgemeine Differenzialgleichungsprobleme zur Verfügung. Nach Festlegung der Gitterpunkte $x_i = x_0 + ih, i = 0,1,\ldots,n,$ lösen wir unter Verwendung der Vektorschreibweise

$$\boldsymbol{y}(x) = \begin{pmatrix} y_1(x) \\ y_2(x) \\ \vdots \\ y_n(x) \end{pmatrix}, \quad \boldsymbol{y}'(x) = \begin{pmatrix} y_1'(x) \\ y_2'(x) \\ \vdots \\ y_n'(x) \end{pmatrix}, \quad \boldsymbol{y}^{(i)} = \begin{pmatrix} y_1^{(i)} \\ y_2^{(i)} \\ \vdots \\ y_n^{(i)} \end{pmatrix} = \begin{pmatrix} y_1(x_i) \\ y_2(x_i) \\ \vdots \\ y_n(x_i) \end{pmatrix},$$

$$\boldsymbol{f}(x, \boldsymbol{y}(x)) = \begin{pmatrix} f_1(x, y_1(x), y_2(x), \ldots, y_n(x)) \\ f_2(x, y_1(x), y_2(x), \ldots, y_n(x)) \\ \vdots \\ f_n(x, y_1(x), y_2(x), \ldots, y_n(x)) \end{pmatrix}, \quad \boldsymbol{y}(x_0) = \boldsymbol{y}^{(0)} = \begin{pmatrix} y_1^{(0)} \\ y_2^{(0)} \\ \vdots \\ y_n^{(0)} \end{pmatrix},$$

das Anfangswertproblem

$$\boldsymbol{y}'(x) = \boldsymbol{f}(x, \boldsymbol{y}(x)), \ \boldsymbol{y}(x_0) = \boldsymbol{y}^{(0)}$$

für Differenzialgleichungssysteme mit Hilfe des Euler-Verfahrens.

Euler-Verfahren für Differenzialgleichungssysteme

$$\boldsymbol{y}^{(0)} = \boldsymbol{y}(x_0)$$

$$\boldsymbol{y}^{(i+1)} = \boldsymbol{y}^{(i)} + h\,\boldsymbol{f}\left(x_i, \boldsymbol{y}^{(i)}\right), i = 0,1,\ldots,n-1$$

In Koordinatenschreibweise lautet das Euler-Verfahren

$$\begin{pmatrix} y_1^{(0)} \\ y_2^{(0)} \\ \vdots \\ y_n^{(0)} \end{pmatrix} = \begin{pmatrix} y_1(x_0) \\ y_2(x_0) \\ \vdots \\ y_n(x_0) \end{pmatrix},$$

$$\begin{pmatrix} y_1^{(i+1)} \\ y_2^{(i+1)} \\ \vdots \\ y_n^{(i+1)} \end{pmatrix} = \begin{pmatrix} y_1^{(i)} + hf_1\left(x_i, y_1^{(i)}, y_2^{(i)}, \ldots, y_n^{(i)}\right) \\ y_2^{(i)} + hf_2\left(x_i, y_1^{(i)}, y_2^{(i)}, \ldots, y_n^{(i)}\right) \\ \vdots \\ y_n^{(i)} + hf_n\left(x_i, y_1^{(i)}, y_2^{(i)}, \ldots, y_n^{(i)}\right) \end{pmatrix}, \; i = 0, 1, 2, \ldots, n-1$$

Beispiel 8.5

Lösen Sie das Differenzialgleichungssystem

$$\begin{aligned} u'(x) &= v(x) \\ v'(x) &= -\sin(u(x)) \\ u(0) &= 0,\; v(0) = 1, \end{aligned} \tag{8.7}$$

für $0 \le x \le \pi$ und $h = \frac{\pi}{4}$ mit Hilfe des Eulerschen Polygonzugverfahrens.

Lösung: Mit den Abkürzungen $u_i = u(x_i),\; v_i = v(x_i),\; x_i = i\frac{\pi}{4}, i = 0, 1, \ldots, 4$ lautet das Polygonzugverfahren

$$\begin{pmatrix} u_0 \\ v_0 \end{pmatrix} = \begin{pmatrix} 0 \\ 1 \end{pmatrix}, \quad \begin{pmatrix} u_{i+1} \\ v_{i+1} \end{pmatrix} = \begin{pmatrix} u_i + hv_i \\ v_i - h\sin u_i \end{pmatrix}, \; i = 0, 1, 2, 3.$$

Tabelle 8.5 Euler-Verfahren für Gleichung (8.7)

i	x_i	u_i	v_i
0	0	0.0000	1.0000
1	0.25π	0.78540	1.0000
2	0.5π	1.5708	0.44463
3	0.75π	1.9200	-0.34077
4	π	1.6524	-1.0788

■

Bemerkung: Die Fehlerabschätzungen und die Fehlerordnung können analog auch auf Systeme von Differenzialgleichungen übertragen werden.

8.4 Das Iterationsverfahren von Picard-Lindelöf

Das Iterationsverfahren von Picard-Lindelöf ist ein analytisches Verfahren zur Bestimmung von Näherungslösungen bei Anfangswertproblemen. Es kann auch zum Beweis des Existenz- und Eindeutigkeitssatzes eingesetzt werden. Die Lösung wird in Form einer Funktionenreihe berechnet. Dazu wird das Anfangswertproblem

$$y'(x) = f(x, y(x)), x \in I = [a, b]$$
$$y(a) = y_0$$

in eine äquivalente **Integralgleichung** umgeformt

$$y(x) = y_0 + \int_a^x f(x, y(x)) \mathrm{d}x, x \in [a, b] \tag{8.8}$$

Die Lösung der Integralgleichung wird dann durch die Berechnung der **Picard-Iterierten** nach der folgenden Vorschrift bestimmt:

Picard-Verfahren

$$y^{(0)}(x) = y(x_0) = y_0$$

$$y^{(k+1)}(x) = y_0 + \int_{x_0}^x f(x, y^{(k)}(x)) \mathrm{d}x, k = 0, 1, \ldots$$

Über die Konvergenz der Iterierten kann man folgende Aussage machen:

Satz 8.4

Gegeben ist das Anfangswertproblem

$$y'(x) = f(x, y(x)),\ y(a) = y_0 \tag{*}$$

Die Funktion $f(x, y)$ erfülle die Voraussetzungen

- $f(x, y)$ ist in $R = \{(x, y), x \in [a - c, a + c], y \in x \in [y_0 - d, y_0 + d]\}$ stetig und beschränkt, d. h. es gilt $|f(x, y)| \le M, (x, y) \in R$.
- $f(x, y)$ ist im Gebiet R Lipschitzstetig bezüglich y, d. h. es gilt mit einer positiven Lipschitz-Konstanten $L \ge 0$:

$$|f(x,y_1)-f(x,y_2)| \le L|y_1-y_2|, (x,y_1),(x,y_2) \in R.$$

Dann existiert im Intervall $|x-a| < \alpha := \min\left\{c, \frac{d}{M}\right\}$ genau eine Lösung $y(x)$ des Anfangswertproblems (*). Die Lösung ist Grenzwert der Funktionenfolge

$$y^{(k+1)}(x) = y_0 + \int_a^x f\left(x, y^{(k)}(x)\right) \mathrm{d}x,\ k = 0,1,\ldots \text{ mit } y^{(0)}(x) = y(a) = y_0 .$$

Beispiel 8.6

Berechnen Sie die ersten drei Picard-Iterierten für das Anfangswertproblem $y'(x) = f(x,y) = x^2 + y(x)^2$, $y(0) = 1$.

Lösung: Wir berechnen die Picard-Iterierten gemäß der Vorschrift

$$y^{(0)}(x) = 1,\quad y^{(k+1)}(x) = y_0 + \int_{x_0}^x f\left(x, y^{(k)}(x)\right) \mathrm{d}x, k = 0,1,\ldots$$

Wir erhalten nacheinander

$$y^{(1)}(x) = 1 + \int_0^x \left(x^2 + 1\right) \mathrm{d}x = 1 + x + \frac{x^3}{3}$$

$$y^{(2)}(x) = 1 + \int_0^x \left[x^2 + \left(1 + x + \frac{1}{3}x\right)^2\right] \mathrm{d}x = 1 + x + x^2 + \frac{2x^3}{3} + \frac{x^4}{6} + \frac{2x^5}{15} + \frac{x^7}{63}$$

$$y^{(3)}(x) = 1 + \int_0^x \left[x^2 + \left(1 + x + x^2 + \frac{2}{3}x^3 + \frac{1}{6}x^4 + \frac{2}{15}x^5 + \frac{1}{63}x^7\right)^2\right] \mathrm{d}x$$

$$= 1 + x + x^3 + \frac{x^4}{3} + \frac{4x^5}{15} + \frac{4x^6}{15} + \frac{x^7}{9} + \frac{41x^8}{630} + \frac{37x^9}{1620} + \frac{4x^{10}}{525}$$

$$+ \frac{184x^{11}}{51975} + \frac{x^{12}}{2268} + \frac{4x^{13}}{12285} + \frac{x^{15}}{59535}. \quad \blacksquare$$

Aufgaben

8.1 Man löse das Anfangswertproblem für die nichtlineare Differenzialgleichung $y'(x) = f(x,y) = \sqrt{y(x)} - 2x\mathrm{e}^{y(x)}, x \in [0,1]$, $y(0) = 2$ mit Hilfe der Eulerschen Polygonzugmethode und der Schrittweite $h = 0.1$.

8.2 Man löse das Anfangswertproblem für die nichtlineare Differenzialgleichung $y'(x) = f(x,y) = \sqrt{y(x)} - 2xe^{y(x)}, x \in [0,1], y(0) = 2$ mit dem Halbschrittverfahren unter Verwendung der Schrittweite $h = 0.1$.

8.3 Gegeben ist das Anfangswertproblem $y'(x) = \sqrt{1 - y(x)^2}, x \in \left[0, \frac{\pi}{2}\right], y(0) = 0$.
Man berechne mit dem klassischen Runge-Kutta-Verfahren 4. Ordnung und der Schrittweite $h = \frac{\pi}{6}$ einen Näherungswert an der Stelle $x_1 = \frac{\pi}{6}$.

8.4 Berechnen Sie die ersten vier Picard-Iterierten für das Anfangswertproblem $y'(x) = y(x),\ y(0) = 1$. Gegen welche Funktion konvergieren die Picard-Iterierten?

8.5 Formulieren Sie das klassische Runge-Kutta-Verfahren 4. Ordnung zur numerischen Lösung von Differenzialgleichungssystemen $\boldsymbol{y}'(x) = \boldsymbol{f}(x, \boldsymbol{y}(x)),\ \boldsymbol{y}(x_0) = \boldsymbol{y}_0$.

8.6 Lösen Sie das Differenzialgleichungssystem

$$u'(x) = v^2(x)$$
$$v'(x) = -e^{u(x)+v(x)}$$
$$u(0) = 1,\ v(0) = -1,$$

für $0 \le x \le 1$ und $h = 0.1$ mit Hilfe des Eulerschen Polygonzugverfahrens.

8.7 Berechnen Sie die ersten vier Picard-Iterierten für das Anfangswertproblem $y'(x) = xy(x),\ y(1) = 1$.

8.8 Überführen Sie mit Hilfe der Substitution $z(x) = y'(x)$ das Anfangswertproblem $y''(x) = 6y(x) - 3xy'(x),\ y(0) = 1, y'(0) = 0$ auf ein System erster Ordnung. Berechnen Sie ersten drei Picard-Iterierten.

8.9 Man löse mit dem klassischen Runge-Kutta-Verfahren mit der Schrittweite $h = 0.1$ das Anfangswertproblem $y'(x) = [x - y(x)]^2, x \in [0,1], y(0) = 0$.

8.10 Man löse mit dem Runge-Kutta-Verfahren 2. Ordnung mit der Schrittweite $h = 0.1$ das Anfangswertproblem $y'(x) = 1 - y(x)^2, x \in [0,1], y(0) = 2$ und vergleiche die Ergebnisse mit der exakten Lösung $y(x) = \coth\left(x + \frac{1}{2}\ln 3\right)$.

Lösungen

1.1 $y(x) = x$ und $y(x) = \ln x$ lösen die Differenzialgleichung; $y(x) = x^2$ nicht.

1.2 Zweimaliges Differenzieren und Elimination der Parameter a und r liefert die Differenzialgleichung $1 + y(x)y''(x) + [y'(x)]^2 = 0$.

1.3

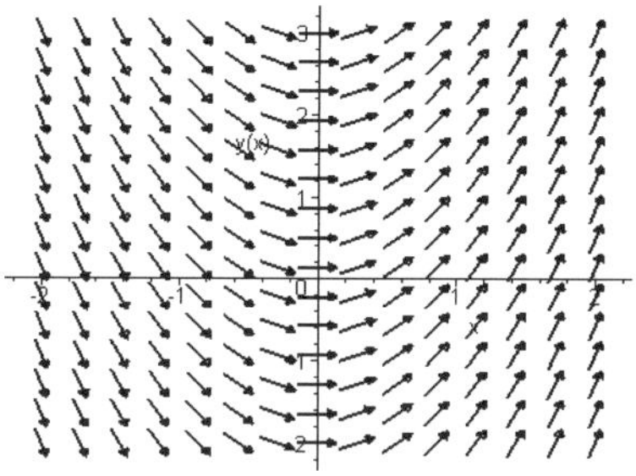

1.4

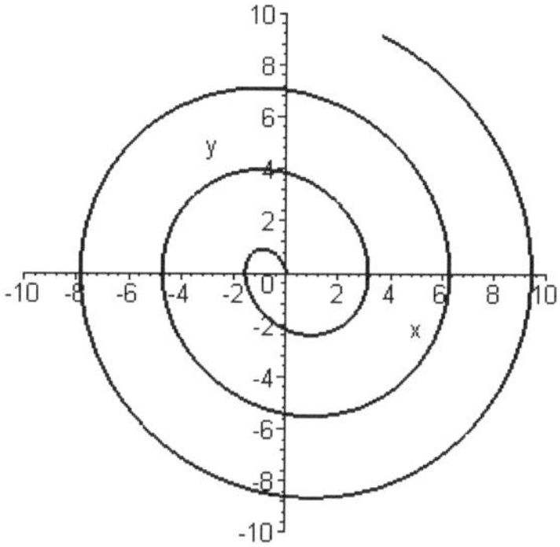

1.5 Die Differenzialgleichung lautet $y(x) - \dfrac{x}{y'(x)} = 0$.

1.6 Es ist $y(x) = Ce^x, C \in \mathbf{R}$.

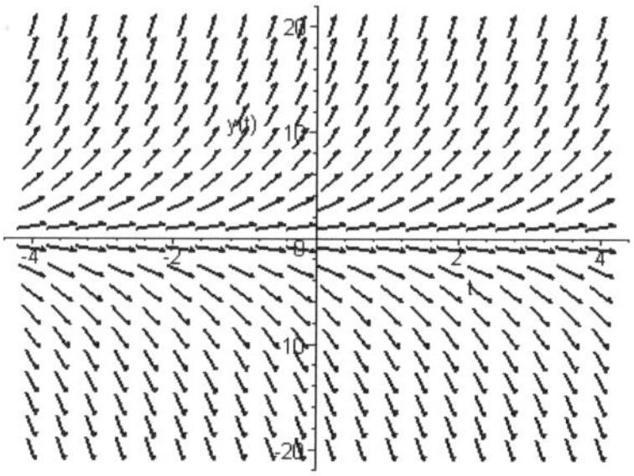

1.7 Alle Gleichungen, außer d) sind gewöhnliche Differenzialgleichungen; d) ist eine partielle Differenzialgleichungen.
a) nichtlineare Differenzialgleichung 1. Ordnung,
b) homogene, lineare Differenzialgleichung 3. Ordnung,
c) nichtlineare Differenzialgleichung 2. Ordnung,
d) nichtlineare partielle Differenzialgleichung 2. Ordnung,
e) nichtlineare autonome Differenzialgleichung 2. Ordnung,

f) inhomogene, lineare Differenzialgleichung 5. Ordnung,
g) inhomogenes, lineares Differenzialgleichungssystem 2. Ordnung.

1.8 Es ist $\frac{\partial v(x,y)}{\partial x} = 3x^2$ sowie $\frac{\partial u(x,y)}{\partial y} = 3x^2$.

1.9 $\lambda = 1, \lambda = \mathrm{i}, \lambda = -\mathrm{i}$ erfüllen die Gleichung.

1.10 Einführung der Variablen $u_1(x) = y(x), u_2(x) = y'(x), u_3(x) = y''(x)$ liefert
$u_1'(x) = u_2(x)$
$u_2'(x) = 6u_1(x) - 3xu_2'(x)$.

2.1 Die Differenzialgleichung ist exakt. Mit einer reellen Konstanten C ist die Lösung in impliziter Form gegeben durch $\phi(x,y) = x^3 y + 4y^3 = C, C \in \mathbf{R}$.

2.2 Die Differenzialgleichung ist exakt. Mit einer reellen Konstanten C ist die Lösung gegeben durch $\phi(x,y) = x^2 \sin y + \mathrm{e}^x y^3 = C, C \in \mathbf{R}$.

2.3 Die Differenzialgleichung ist nicht exakt. Wir erhalten als integrierenden Faktor $M(x) = \frac{1}{x^2}$. Die Lösung lautet $y(x) = (-\frac{1}{x} - \ln x + C)\,x, C \in \mathbf{R}$.

2.4 Die Lösung ist $I(t) = \frac{E_0}{R^2 + \omega^2 L^2}\left(R\cos\omega t + \omega L \sin\omega t - R\mathrm{e}^{-\frac{Rt}{L}}\right)$. Das Zahlenbeispiel liefert $I_0 = 0.001$ und $\varphi = 37°$.

2.5 $w_1(t) = 0.1t + 1,\ w_2(t) = 2 - \mathrm{e}^{-0.05t}$. Damit ist $w_1(10) = 2 > w_2(10) = 1.39$.

2.6 Trennung der Veränderlichen liefert die Lösung $y(x) = e^{\frac{C}{x}}, C \in \mathbf{R}$.

2.7 Die allgemeine Lösung lautet $y(x) = y_H(x) + y_S(x) = C\mathrm{e}^x - 1 - x,\ C \in \mathbf{R}$.

2.8 $y(x) = \mathrm{e}^{1-x^2} + \frac{1}{2}(x^2 - 1)$.

2.9 $M(x,y) = \mathrm{e}^{-\frac{x^2}{2}} \frac{1}{y^2}$.

2.10 Die Bahnen sind $\alpha \ln R - \beta R + C_1 = -\gamma \ln B + \delta B + C_2, C_1, C_2 \in \mathbf{R}$. Im Falle $B(0) = 1, R(0) = 0.6$ sowie $\alpha = 0.8, \beta = 0.6, \gamma = 0.7, \delta = 0.3$ sind Richtungsfeld und Bahn gezeichnet.

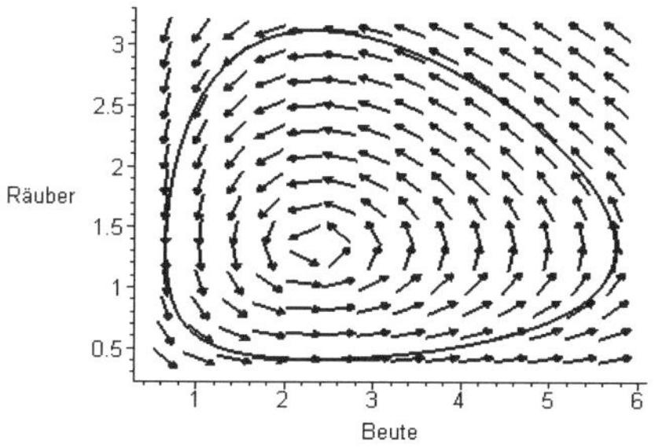

3.1 Die allgemeine Lösung lautet $y(x)=\dfrac{1}{2(x-1)+Ce^{-x}}, C \in R.$

a) Das Anfangswertproblem $y(0)=y_0 \neq 0$ ist stets lösbar, dabei ist $C=2+\dfrac{1}{u_0}$. b) Das Anfangswertproblem $y(0)=0$ ist unlösbar.

3.2 $y_1(x)=1$ ist eine partikuläre Lösung der Riccatischen Differenzialgleichung daher verwenden wir den Ansatz $y(x)=y_1(x)+\dfrac{1}{v(x)}$, und erhalten die Lösung $y(x)=-1-\dfrac{Ce^{\frac{x^2}{2}}}{Ce^{\frac{x^2}{2}}+1}-\dfrac{1}{Ce^{\frac{x^2}{2}}+1}, C \in \mathbf{R}.$

3.3 Die Substitution $y(x)=x\,v(x)$ liefert $(1-2v^3(x))x\,v'(x)=v(x)+v^4(x)$. Trennung der Veränderlichen ergibt für $x>0$ die allgemeine Lösung $x\,y(x)=C(x^3+y^3(x)), C \in \mathbf{R}.$

3.4 Bernoullische Differenzialgleichung mit $p(x)=\dfrac{1}{x}$, $q(x)=x^2$ und $\alpha=-2$. Die Lösung des Anfangswertproblems lautet

$y(x)=\sqrt[3]{1+3\ln x}, C \in \left(e^{-\frac{1}{3}},\infty\right).$

3.5 Die Lösungen sind gegeben durch die Geraden $y(x)=Cx-C^2, C \in \mathbf{R}$ und die Kurven $\begin{pmatrix}2p\\p^2\end{pmatrix}, p \in \mathbf{R}.$

3.6 Die allgemeine Lösung ist implizit gegeben durch $\frac{y(x)}{x} + \ln\left(\frac{y(x)}{C}\right) = 0$.

3.7 Es handelt sich um eine d'Alembertsche Differenzialgleichung mit $f(p) = p^2, g(p) = p^2$. Die Lösung lautet in Parameterdarstellung

$$y(p) = \frac{p - \frac{1}{2}p^2}{(-1+p)^2} p^2 + p^2, p \neq 1.$$

3.8 Die angegebene Substitution führt auf die separierbare Differenzialgleichung $u'(x) = 1 + x\mathrm{e}^{u(x)}$. Trennung der Veränderlichen liefert mit der reellen Integrationskonstanen C die Lösung

$$y(x) = -\ln\left(C - \frac{x^2}{2}\right) - x.$$

3.9 Die Differenzialgleichung ist homogen vom Grad 0; der Ansatz $y(x) = x\,v(x)$ führt auf $v(x)v'(x) = \frac{1}{x}$. Wir erhalten mit C als Integrationskonstante $[v(x)]^2 = \ln x^2 - 2C$ und damit $y(x) = -\sqrt{x^2 \ln x^2 + 4x^2}$.

3.10 $x(2x-1)y'(x) + [y(x)]^2 - (4x+1)y(x) + 4x = 0$ ist eine Riccati-Differenzialgleichung mit der speziellen Lösung $y_1(x) = 1$. Mit dem Ansatz $y(x) = y_1(x) + \frac{1}{v(x)}$ folgt $y(x) = \frac{4x^3 + 9x^2 - 6x + 6C}{4x^3 - 3x^2 + 6C}, C \in \mathbf{R}$.

4.1 Zweimaliges Differenzieren und Elimination von C_1, C_2 ergibt $x(x-1)y''(x) + (1-2x^2)y'(x) + (4x-2)y(x) = 0$.

4.2 Es ist $y(x) = \frac{1}{4} + \frac{1}{4}\sin 2x + \frac{3}{4}\mathrm{e}^{2x}$.

4.3 Die erste bzw. differenzierte zweite Gleichung erlaubt es, $y_1'(x)$ bzw. $y_3''(x)$ durch Ableitungen von $y_2(x)$ auszudrücken. Einsetzen in die dritte Gleichung, ergibt $(x - y_2''(x))y_2'(x) + (y_2''(x))^2 - \frac{1}{3}x(y_2'''(x))^{-\frac{2}{3}} y_2^{(4)}(x) = 0$.

4.4 Substitution $u(x) = y'(x)$ ergibt $u'(x) - (u(x))^2 = 0$. Lösen dieser Differenzialgleichung, Rücksubstitution führt zu $y(x) = -\ln|x + C_1| + C_2; C_1, C_2 \in \mathbf{R}$. Zusätzlich ist $y = C;\ C \in \mathbf{R}$ singuläre Lösung.

4.5 Substitution $u(y)=y'(x(y))$ ergibt $u'(y)u(y)+\frac{(u(y))^2}{y}=0$. Lösen dieser Differenzialgleichung sowie Lösen von $y'(x)=u(y(x))=\frac{C_1}{y(x)}$ führt zu $y(x)=\pm\sqrt{C_1x+C_2}; C_1, C_2 \in \mathbf{R}$. Zusätzlich: $y=C$; $C\in\mathbf{R}$ singuläre Lösung.

4.6 Substitution $u(x)=y''(x)$ ergibt $u'(x)+3(u(x))^2=0$. Lösen dieser Differenzialgleichung und Rücksubstitution sowie zweimalige Integration führt zu $y(x)=\frac{1}{9}(3x+C_1)\ln(3x+C_1)+C_2x+C_3; C_1, C_2, C_3 \in \mathbf{R}$.

4.7 Die Differenzialgleichung ist homogen vom Grad 2. Die Substitution $u(x)=\frac{y'(x)}{y(x)}$ ergibt $u'(x)-(u(x))^2=0$. Lösen dieser Differenzialgleichung und Rücksubstitution führt zu $y(x)=\mathrm{e}^{-\ln|C_1-x|+C_2}=\frac{D_2}{|D_1-x|}; D_1, D_2 \in \mathbf{R}$.

4.8 a) Es gilt $(\lambda y''')(\lambda y)^2-(\lambda y')^3=\lambda^3\left(y'''y^2-(y')^3\right)$, also ist die Differenzialgleichung homogen vom Grad 3.

b) Die Substitution $u(x)=\frac{y'(x)}{y(x)}$ ergibt mit $\frac{y''(x)}{y(x)}=u'(x)+(u(x))^2$ und $\frac{y'''(x)}{y(x)}=u''(x)+3u'(x)u(x)+(u(x))^3$ die Gleichung $u''(x)+3u'(x)u(x)=0$.

4.9 Einsetzen des Ansatzes $y(x)=\sum_{k=0}^{\infty}a_kx^k$ in die Differenzialgleichung und Koeffizientenvergleich ergibt als Lösung

$$y(x)=a_1x+a_0+(1-a_0)\cdot\sum_{m=1}^{\infty}\frac{1}{(2m)!}\cdot\prod_{l=0}^{m-2}(2l+1)x^{2m} \text{ mit } a_0, a_1 \in \mathbf{R}.$$

4.10 Durch zweimaliges Differenzieren und Einsetzen der Anfangswerte erhält man $y(x)=1-\frac{1}{2!}x^2+\frac{1}{3!}x^3-\frac{1}{5!}x^5+\ldots$

5.1 Es ist $L=x^3D^3+2x^2D^2-D+I$.

5.2 Es ist $x^4y^{(4)}(x)+x^2y''(x)+y(x)=0$.

5.3 Zunächst prüft man durch Einsetzen in die Differenzialgleichung nach, dass es sich tatsächlich um Lösungsfunktionen handelt. Die Wronski-Determinante lautet $W(x; y_1, y_2, y_3) = \mathrm{e}^x(1 + x^{-1} - x^{-2} - \ln x)$. Für $x = 1$ hat sie den Wert e, also sind $y_1(x), y_2(x), y_3(x)$ linear unabhängig und bilden somit ein Fundamentalsystem.

5.4 Man sieht sofort, dass $y_1(x) = x$ Lösungsfunktion ist. Mit Hilfe des Produktansatzes $y_2(x) = xu(x)$, gewinnt man $y_2(x) = x\,\mathrm{e}^{-x}$ als weitere Lösungsfunktion. Es ist $y_{\text{allg}}(x) = C_1 x + C_2 x\,\mathrm{e}^{-x}; C_1, C_2$ freie Parameter.

5.5 Mit $y_1(x) = x$ als Lösungsfunktion macht man den Produktansatz $y_2(x) = xu(x)$ und erhält $x^4 u'''(x) + 4x^3 u''(x) = 0$. Die Lösung ist $u(x) = C_1 + C_2 x + C_3 x^{-2}$. Mit den Werten $C_1 = 0, C_2 = 1, C_3 = 0$ und $C_1 = 0, C_2 = 0, C_3 = 1$ ergeben sich $y_2(x) = x^2, y_3(x) = x^{-1}$ als weitere Komponenten eines Fundamentalsystems.

5.6 Man findet zunächst $y_1(x) = x$ als Lösungsfunktion. Der Produktansatz $y_2(x) = xu(x)$ führt zu $y_2(x) = x \ln x$ als zweite Lösungskomponente. Es ist $y_{\text{allg}}(x) = C_1 x + C_2 x \ln x; C_1, C_2$ freie Parameter.

5.7 Nach Beispiel 5.5 bilden $y_1(x) = 1, y_2(x) = x^2, y_3(x) = \mathrm{e}^x$ ein Basissystem. Durch den Ansatz $y_s(x) = C_1(x) + C_2(x)x^2 + C_3(x)\mathrm{e}^x$ erhält man $y_s(x) = -\frac{1}{3}x^3 - x$ als spezielle Lösung.

5.8 Der Ansatz $y(x) = x^r$ führt auf die Gleichung $x^r(r^2 + 1) = 0$. Daraus erhält man $x^{\pm \mathrm{i}} = \mathrm{e}^{\mathrm{i} \ln x} = \cos(\ln x) \pm \mathrm{i} \sin(\ln x)$ als komplexes Fundamentalsystem und somit $y_1(x) = \cos(\ln x), y_2(x) = \sin(\ln x)$ als reelles Fundamentalsystem.

5.9 Mit dem Potenzreihenansatz $y(x) = \sum_{k=0}^{\infty} a_k x^k$ erhält man durch Einsetzen in die Differenzialgleichung und Koeffizientenvergleich als Lösungsreihe $y(x) = -a_0 \cdot \sum_{m=0}^{\infty} \frac{1}{(2m)!} \cdot \prod_{l=0}^{m-2} (2l+1) x^{2m} + a_1 x$ mit $a_0, a_1 \in \mathbf{R}$.

5.10 Zunächst ist $y_1(x) = 1$ eine Lösungsfunktion. Durch die Substitution $u(x) = y'(x)$ erhält man eine Differenzialgleichung zweiter Ordnung $u''(x) - xa(x)u'(x) + a(x)u(x) = 0$. Sie hat die Funktionen $u_1(x) = x$ und

$u_2(x) = x\int e^{\int (x^2 a(x)-2)x^{-1}\,dx}\,dx$ als Fundamentalsystem. Durch Integration erhält man $y_1(x)=1$, $y_2(x)=\frac{1}{2}x^2$, $y_3(x)=\int x\left(\int e^{\int (x^2 a(x)-2)x^{-1}\,dx}\,dx\right)dx$ als Basissystem für die ursprüngliche Differenzialgleichung.

6.1 Die Lösungen sind

a) $y_{\text{hom}}(x) = C_1\, e^{\frac{1}{2}x}\cos\left(\frac{\sqrt{3}}{2}x\right) + C_2\, e^{\frac{1}{2}x}\left(\sin\frac{\sqrt{3}}{2}x\right),\ C_1, C_2 \in \mathbf{R}$

b) $y_{\text{hom}}(x) = C_1\, e^{x} + C_2\, e^{-\frac{1}{2}x}\cos\left(\frac{\sqrt{3}}{2}x\right) + C_3\, e^{-\frac{1}{2}x}\left(\sin\frac{\sqrt{3}}{2}x\right),\ C_1, C_2, C_3 \in \mathbf{R}$

6.2 Die Lösungen der charakteristischen Gleichung sind $\lambda_1 = \lambda_2 = -1, \lambda_3 = 2$. Also ist $(\lambda+1)^2(\lambda-2) = \lambda^3 - 3\lambda - 2 = 0$ die charakteristische Gleichung. Als Differenzialgleichung erhält man daraus $y'''(x) - 3y'(x) - 2y(x) = 0$.

6.3 Nach Tabelle 6.1 kann als Lösung von $y''(x) + a_1 y'(x) + a_0 y(x) = 0$ die Funktion $y_1(x) = x$ genau dann vorkommen, wenn $a_1 = a_0 = 0$ ist. Dann kommt aber $y_2(x) = e^x$ nicht als Lösung vor.

6.4 Wenn die Funktionen $y_1(x) = e^x, y_2(x) = \cos(\omega x), y_3(x) = \sin(\omega x)$ ein Fundamentalsystem bilden, so ist $(\lambda - 1)(\lambda^2 + \omega^2) = \lambda^3 - \lambda^2 + \omega^2\lambda - \omega^2 = 0$ die charakteristische Gleichung. Vergleich mit $\lambda^3 + a\lambda^2 + b\lambda + c = 0$ ergibt $a = -1, b = \omega^2, c = -\omega^2$.

6.5 Es ist $y_{\text{hom}}(x) = C_1\, e^x + C_2 x\, e^x,\ C_1, C_2 \in \mathbf{R}$. Der Ansatz gemäß Variation der Konstanten $y_s(x) = C_1(x)e^x + C_2(x)x\,e^x$ ergibt das Gleichungssystem $C_1'(x) + C_2'(x)x = 0,\ C_1'(x) + C_2'(x)(x+1) = \frac{1}{x^2+1}$, woraus dann für $y_s(x)$ folgt $y_s(x) = -\frac{1}{2}\ln(x^2+1)e^x + \arctan x\; x\,e^x$.

6.6 Weder 1 noch 2i oder 3i sind Lösungen der charakteristischen Gleichung $\lambda^3 - 2\lambda = 0$. Also ist ein geeigneter Störgliedansatz gegeben durch $y_s(x) = A_0\cos 3x + B_0 \sin 3x + C_0 e^x \cos 2x + D_0 e^x \sin 2x$. Einsetzen in die

Differenzialgleichung und Koeffizientenvergleich ergibt als Lösung $y_s(x) = -\frac{1}{33}\sin 3x + \frac{12}{205}e^x \cos 2x - \frac{26}{205}e^x \sin 2x$.

6.7 Wegen $a > 0$ ist $\lambda = 0$ keine Lösung der charakteristischen Gleichung. Also ist $y_s(x) = B_0 + B_1 x + B_2 x^2$ ein geeigneter Ansatz. Man erhält als allgemeine Lösung

$$y_{\text{allg}}(x) = C_1 \cos\sqrt{a}x + C_2 x \cos\sqrt{a}x + C_3 \sin\sqrt{a}x + C_4 x \sin\sqrt{a}x + \left(\frac{b_0}{a^2} - \frac{4b_2}{a^3}\right) + \frac{b_1}{a^2}x + \frac{b_2}{a^2}x^2.$$

6.8 Die Lösungen der charakteristischen Gleichung lauten $\lambda_{1/2} = \frac{3}{2}$. Daraus folgt $y_{\text{hom}}(x) = C_1 e^{\frac{3}{2}x} + C_2 x e^{\frac{3}{2}x}$, $C_1, C_2 \in \mathbf{R}$. Mittels Störgliedansatz erhält man $y_s(x) = 4e^{-2x}$ als spezielle Lösung. Es ist $y_{\text{allg}}(x) = y_{\text{hom}}(x) + y_s(x)$. Die gesuchte spezielle Lösung ist $y(x) = -2e^{\frac{3}{2}x} + 11x e^{\frac{3}{2}x} + 4e^{-2x}$.

6.9 Die Ansätze lauten:

a) $y_s(x) = x(A_0 + A_1 x + A_2 x^2) + B_0 e^{2x} + C_0 \cos 3x + D_0 \sin 3x + E_0 e^x \cos 2x + F_0 e^x \sin 2x$.

b) $y_s(x) = A_0 e^{-2x} + x^2(B_0 + B_1 x) + A_0 e^{\frac{3}{2}x}$.

c) $y_s(x) = A_0 + A_1 x + A_2 x^2 + B_0 e^{2x} + (C_0 + C_1 x)\cos x + (D_0 + D_1 x)\sin x$.

d) $y_s(x) = x^2(A_0 + A_1 x + A_2 x^2)e^{-x}$.

6.10 Aufgrund des homogenen Lösungsanteils folgt, dass die charakteristische Gleichung lautet $(\lambda - (-1 + i3))(\lambda - (-1 - i3)) = \lambda^2 + 2\lambda + 10 = 0$. Also lautet die Differenzialgleichung $y''(x) + 2y'(x) + 10y(x) = b(x)$. Setzt man den speziellen Lösungsanteil in die linke Seite ein, so ergibt sich $b(x) = 2 + 4x + 10x^2 - 9e^{-x} + \cos 3x - 6\sin 3x$.

7.1 Es ist $\begin{pmatrix} y_1^{(4)}(x) - y_2'(x) - 2\cos x - e^{-x} \\ y_1'(x) + y_3'''(x) - x^2 \\ y_2'(x) + y_3''(x) - y_1(x) - y_2(x) - y_3(x) \end{pmatrix} = \begin{pmatrix} 0 \\ 0 \\ 0 \end{pmatrix}$.

Die Ordnung des Systems ist 4.

7.2 Es gilt $\boldsymbol{y}'(x)=\begin{pmatrix}0 & 1 & 0\\ 0 & 0 & 1\\ 1 & 0 & 0\end{pmatrix}\boldsymbol{y}(x).$

7.3 Es gilt $\boldsymbol{y}'(x)=\begin{pmatrix}0 & 0 & 0\\ 0 & 0 & 0\\ 0 & 0 & 0\end{pmatrix}\boldsymbol{y}(x)+\begin{pmatrix}-4x^2+3x^3\\ 3x^2-2x^3\\ \frac{1}{5}x^2+\frac{1}{5}x^3\end{pmatrix}.$

7.4 Durch Integration folgt sofort $y_3(x)=\frac{1}{15}x^3+\frac{1}{20}x^4+C_3$. Subtrahiert man von der zweiten Gleichung das $\frac{3}{2}$-fache der ersten und integriert, so erhält man $y_2(x)=x^3-\frac{1}{2}x^4+C_2$. Subtrahiert man von der ersten Gleichung das $\frac{3}{4}$-fache der zweiten und integriert, so erhält man $y_1(x)=-\frac{4}{3}x^3+\frac{3}{4}x^4+C_1$.

7.5 Es sind $\lambda_1=-3, \lambda_2=1$ die Eigenwerte der Matrix mit $\boldsymbol{r}_1=\begin{pmatrix}1\\ -2\end{pmatrix}, \boldsymbol{r}_2=\begin{pmatrix}1\\ 2\end{pmatrix}$ als zugehörige Eigenvektoren. Also ist nach Satz 7.4 die Lösung gegeben durch $\boldsymbol{y}_{\text{hom}}(x)=C_1\boldsymbol{r}_1\,\mathrm{e}^{\lambda_1}+C_2\boldsymbol{r}_2\,\mathrm{e}^{\lambda_2}=C_1\begin{pmatrix}1\\ -2\end{pmatrix}\mathrm{e}^{-3x}+C_2\begin{pmatrix}1\\ 2\end{pmatrix}\mathrm{e}^{x}; C_1, C_2\in\mathbf{R}.$

7.6 Es sind $\lambda_1=-1, \lambda_2=1$ die Eigenwerte der Matrix mit $\boldsymbol{r}_1=\begin{pmatrix}1\\ -1\end{pmatrix}, \boldsymbol{r}_2=\begin{pmatrix}1\\ 1\end{pmatrix}$ als zugehörige Eigenvektoren. Also ist nach Satz 7.4 $\boldsymbol{y}_{\text{hom}}(x)=C_1\boldsymbol{r}_1\,\mathrm{e}^{\lambda_1}+C_2\boldsymbol{r}_2\,\mathrm{e}^{\lambda_2}=C_1\begin{pmatrix}1\\ -1\end{pmatrix}\mathrm{e}^{-x}+C_2\begin{pmatrix}1\\ 1\end{pmatrix}\mathrm{e}^{x}; C_1, C_2\in\mathbf{R}$ die Lösung des homogenen Systems. Eine spezielle Lösung gewinnt man mittels

Variation der Konstanten $\boldsymbol{y}_{\mathrm{s}}(x)=\boldsymbol{Y}(x)\boldsymbol{u}(x)=\begin{pmatrix} \mathrm{e}^{-x} & \mathrm{e}^{x} \\ -\mathrm{e}^{-x} & \mathrm{e}^{x} \end{pmatrix}\boldsymbol{u}(x)$. Es gilt

$$\boldsymbol{y}_{\mathrm{s}}(x)=\begin{pmatrix} \frac{1}{8}x\,\mathrm{e}^{3x}-\frac{3}{8}\mathrm{e}^{3x} \\ \frac{3}{8}x\,\mathrm{e}^{3x}-\frac{5}{32}\mathrm{e}^{3x} \end{pmatrix}.$$

7.7 Die Matrix hat die Eigenwerte $\lambda_{1/2}=6, \lambda_3=-3$ mit den zugehörigen Eigenvektoren $\boldsymbol{r}_1=\begin{pmatrix} 1 \\ -1 \\ 0 \end{pmatrix}, \boldsymbol{r}_2=\begin{pmatrix} 1 \\ 1 \\ -4 \end{pmatrix}, \boldsymbol{r}_3=\begin{pmatrix} 2 \\ 2 \\ 1 \end{pmatrix}$. Folglich lautet die Lösung

$$\boldsymbol{y}_{\mathrm{hom}}(x)=C_1\begin{pmatrix} 1 \\ -1 \\ 0 \end{pmatrix}\mathrm{e}^{6x}+C_2\begin{pmatrix} 1 \\ 1 \\ -4 \end{pmatrix}\mathrm{e}^{6x}+C_3\begin{pmatrix} 2 \\ 2 \\ 1 \end{pmatrix}\mathrm{e}^{-3x}.$$

7.8 Es sind $\lambda_1=-1, \lambda_2=11$ die Eigenwerte der Matrix mit $\boldsymbol{r}_1=\begin{pmatrix} 1 \\ -1 \end{pmatrix}, \boldsymbol{r}_2=\begin{pmatrix} 1 \\ 1 \end{pmatrix}$ als zugehörige Eigenvektoren. Die Lösung des transformierten Systems $\boldsymbol{u}'(x)=\boldsymbol{T}^{-1}\boldsymbol{A}\boldsymbol{T}\,\boldsymbol{u}(x)=diag(\lambda_1,\lambda_2)\boldsymbol{u}(x)$ mit $\boldsymbol{T}=(\boldsymbol{r}_1 \quad \boldsymbol{r}_2)$ lautet $\boldsymbol{u}_{\mathrm{hom}}(x)=C_1\begin{pmatrix} 1 \\ 0 \end{pmatrix}\mathrm{e}^{-x}+C_2\begin{pmatrix} 0 \\ 1 \end{pmatrix}\mathrm{e}^{11x}$; C_1, C_2 Parameter. Die Lösung des ursprünglichen Systems lautet $\boldsymbol{y}_{\mathrm{hom}}(x)=\boldsymbol{T}\,\boldsymbol{u}_{\mathrm{hom}}(x)=\begin{pmatrix} C_1\mathrm{e}^{-x}+C_2\mathrm{e}^{11x} \\ -C_1\mathrm{e}^{-x}+C_2\mathrm{e}^{11x} \end{pmatrix}$.

7.9 Man führt die folgenden neuen Funktionen ein:

$$u_1(x)=y_1(x),\ u_2(x)=y_1'(x),$$
$$u_3(x)=y_2(x), u_4(x)=y_2'(x),$$
$$u_5(x)=y_3(x), u_6(x)=y_3'(x).$$

Dann lautet das neue System wie folgt:

$$u_1(x)=u_2'(x),\ u_3'(x)=u_4(x),\ u_5'(x)=u_6(x),$$
$$u_2'(x)=-2u_2(x)-u_4(x)+u_5(x)+1,$$
$$u_4'(x)=\frac{1}{2}u_2(x)+\frac{1}{2}u_6(x)+\frac{1}{2}x,$$
$$u_6'(x)=-\frac{1}{3}u_4(x)+\frac{1}{3}u_5(x)+\frac{1}{3}x^2.$$

7.10 Man ersetzt $y_1'(x)$ bzw. $y_2'(x)$ in der ersten Gleichung durch $y_1'(x) = 2y_2'''(x) + x$ bzw. $y_1''(x) = 2y_2^{(4)}(x) + 1$. Damit erhält man eine Gleichung, in der nur noch $y_2(x)$ und seine Ableitungen vorkommen: $2y_2^{(4)}(x) + 4y_2'''(x) + y_2'(x) = -2x$.

8.1 Euler-Verfahren			**8.2 Halbschrittverfahren**		
i	x_i	y_i	i	x_i	y_i
0	0	2	0	0	2
1	0.1	2.1414	1	0.1	2.0645
2	0.2	2.1175	2	0.2	1.9738
3	0.3	1.9306	3	0.3	1.77576
4	0.4	1.6559	4	0.4	1.5288
5	0.5	1.3656	5	0.5	1.2721
6	0.6	1.0907	6	0.6	1.0241
7	0.7	0.8380	7	0.7	0.79070
8	0.8	0.6059	8	0.8	0.5720
9	0.9	0.3905	9	0.9	0.3655
10	1	0.1870	10	1	0.1673

8.3 Nach einem Lösungsschritt bekommt man $k_1 = 1$, $k_2 = 0.9651223$, $k_3 = 0.9675529$, $k_4 00.8621756$ und damit die Näherungslösung an der Stelle $x = \frac{\pi}{6}$: $\tilde{y}\left(\frac{\pi}{6}\right) = 4.998209$. Vergleich mit der exakten Lösung $y(x) = x$ liefert: $\left| y\left(\frac{\pi}{6}\right) - \tilde{y}\left(\frac{\pi}{6}\right) \right| = 1.79 \cdot 10^{-4}$.

8.4 $y^{(1)}(x) = 1$, $y^{(2)}(x) = 1 + x$, $y^{(3)}(x) = 1 + x + \frac{1}{2}x^2$, $y^{(4)}(x) = 1 + x + \frac{1}{2}x^2 + \frac{1}{6}x^3$.

Die Picard-Iterierten $u^{(k)}(x)$ konvergieren gegen e^x.

8.5 Mit $\boldsymbol{y}^{(i)} = \begin{pmatrix} y_1^{(i)} \\ y_2^{(i)} \\ \vdots \\ y_n^{(i)} \end{pmatrix} = \begin{pmatrix} y_1(x_i) \\ y_2(x_i) \\ \vdots \\ y_n(x_i) \end{pmatrix}$, $\boldsymbol{f}(x, \boldsymbol{y}(x)) = \begin{pmatrix} f_1(x, y_1(x), y_2(x), \ldots, y_n(x)) \\ f_2(x, y_1(x), y_2(x), \ldots, y_n(x)) \\ \vdots \\ f_n(x, y_1(x), y_2(x), \ldots, y_n(x)) \end{pmatrix}$

lautet das Runge-Kutta-Verfahren für Systeme

$$\boldsymbol{y}^{(0)} = \boldsymbol{y}(x_0), \quad \boldsymbol{y}^{(i+1)} = \boldsymbol{y}^{(i)} + \frac{1}{6}\left(\boldsymbol{k}_1^{(i)} + 2\boldsymbol{k}_2^{(i)} + 2\boldsymbol{k}_3^{(i)} + \boldsymbol{k}_4^{(i)}\right), i = 0, 1, \ldots, n-1,$$

wobei $\boldsymbol{k}_1^{(i)} = h\,\boldsymbol{f}\left(x_i, \boldsymbol{y}^{(i)}\right)$, $\boldsymbol{k}_2^{(i)} = h\,\boldsymbol{f}\left(x_i + \frac{h}{2}, \boldsymbol{y}^{(i)} + \frac{1}{2}\boldsymbol{k}_1^{(i)}\right)$,

$$\boldsymbol{k}_3^{(i)} = h\,\boldsymbol{f}\left(x_i + \frac{h}{2}, \boldsymbol{y}^{(i)} + \frac{1}{2}\boldsymbol{k}_2^{(i)}\right), \quad \boldsymbol{k}_4^{(i)} = h\,\boldsymbol{f}\left(x_i + h, \boldsymbol{y}^{(i)} + \boldsymbol{k}_3^{(i)}\right).$$

8.6

i	x_i	u_i	v_i
0	0	1	-1
1	0.1	1.1	-1.1
2	0.2	1.2218	-1.2
3	0.3	1.365	-1.3021
4	0.4	1.5346	-1.4086
5	0.5	1.7330	-1.5220
6	0.6	1.9646	-1.6455
7	0.7	2.2354	-1.7831
8	0.8	2.5533	-1.9403
9	0.9	2.9298	-2.1249
10	1	3.3813	-2.3486

8.7 $y^{(0)}(x) = 1,\ y^{(1)}(x) = \frac{1}{2} + \frac{x^2}{2},\ y^{(2)}(x) = \frac{5}{8} + \frac{x^2}{4} + \frac{x^4}{8},$

$$y^{(3)}(x) = \frac{29}{48} + \frac{5x^2}{16} + \frac{x^4}{16} + \frac{x^6}{48}, \quad y^{(4)}(x) = \frac{233}{384} + \frac{29x^2}{96} + \frac{5x^4}{64} + \frac{x^6}{96} + \frac{x^8}{384}.$$

8.8 Mit der Substitution $z(x) = y'(x)$ erhält man das System

$$y'(x) = z(x)$$
$$z'(x) = 6y(x) - 3xz(x)$$
$$y(0) = 1,\ z(0) = 0.$$

Das Iterationsverfahren von Picard-Lindelöf lautet

$$y_0 = 1,\ z_0 = 0,$$

$$y^{(k+1)}(x) = y_0 + \int_0^x z^{(k)}(x)\mathrm{d}x,\ z^{(k+1)}(x)$$
$$= z_0 + \int_0^x \left(6y^{(k)}(x) - 3xz^{(k)}(x)\right)\mathrm{d}x,\ k = 0,1,\ldots$$

Damit erhalten wir

$$y^{(0)}(x) = 1,\ y^{(1)}(x) = 1,\ y^{(2)}(x) = 1 + 3x^2,\ y^{(3)}(x) = 1 + 3x^2 - \frac{3}{2}x^4,$$

$$z^{(0)}(x) = 0,\ z^{(1)}(x) = 6x,\ z^{(2)}(x) = 6x - 6x^3,\ z^{(3)}(x) = 6x + \frac{18}{5}x^5.$$

8.9			**8.10**		
i	x_i	y_i	i	x_i	y_i
0	0	0	0	0	0
1	0.1	0.00033209	1	0.1	0.00033209
2	0.2	0.0026249	2	0.2	0.0026249
3	0.3	0.086877	3	0.3	0.086877
4	0.4	0.020052	4	0.4	0.020052
5	0.5	0.037884	5	0.5	0.037884
6	0.6	0.062951	6	0.6	0.062951
7	0.7	0.095633	7	0.7	0.095633
8	0.8	0.13596	8	0.8	0.13596
9	0.9	0.18370	9	0.9	0.18370
10	1	0.23840	10	1	0.23840

Literaturverzeichnis

[1] *Bartsch, H.-J.*: Taschenbuch mathematischer Formeln. Fachbuchverlag Leipzig 2001

[2] *Braun, M.*: Differential Equations and Their Applications. Spektrum Akademischer Verlag Heidelberg 1995

[3] *Dobner, H.-J.*; *Engelmann, B.*: Analysis 1, Mathematik Studienhilfen. Fachbuchverlag Leipzig 2002

[4] *Dobner, H.-J.*; *Engelmann, B.*: Analysis 2, Mathematik Studienhilfen. Fachbuchverlag Leipzig 2003

[5] *Gramlich, G.*: Anwendungen der Linearen Algebra mit MATLAB®, Mathematik Studienhilfen. Fachbuchverlag Leipzig 2004

[6] *Hairer, E.; Norsett, S., Wanner, G.*: Solving Ordinary Differential Equations, Volume 1. Springer Verlag Berlin, Heidelberg 2000.

[7] *Kamke, E.*: Differenzialgleichungen Lösungsmethoden und Lösungen I. B. G. Teubner Stuttgart 1983

[8] *Knorrenschild, M.*: Numerische Mathematik, Mathematik Studienhilfen. Fachbuchverlag Leipzig 2003

[9] *Preuß, W; Kossow, A.*: Gewöhnliche Differenzialgleichungen, Mathematik in Beispielen Bd.7. Fachbuchverlag Leipzig 1990

[10] *Preuß, W; Wenisch, G.*: Numerische Mathematik, Lehr- und Übungsbuch. Fachbuchverlag Leipzig 2001

Sachwortverzeichnis